U0137952

钱江源·国家公园丛书

潮 起 钱江源

——中国建立国家公园体制的钱江源探索
（2017—2020 年）

汪长林◎主编

中国林业出版社
China Forestry Publishing House

图书在版编目（CIP）数据

潮起钱江源：中国建立国家公园体制的钱江源探索．
2017-2020 / 汪长林主编．-- 北京：中国林业出版社，
2022.5
（钱江源·国家公园丛书）
ISBN 978-7-5219-1604-1

Ⅰ．①潮… Ⅱ．①汪… Ⅲ．①国家公园－体制改革－
研究－开化县－2017-2020 Ⅳ．① S759.992.554

中国版本图书馆 CIP 数据核字（2022）第 045717 号

审图号：GS 京（2022）0031 号

中国林业出版社·自然保护分社（国家公园分社）

责任编辑　肖　静　刘　煜
地图绘制　胡海燕　常少轩

出　　版　中国林业出版社（100009 北京市西城区刘海胡同 7 号）
　　　　　http://www.forestry.gov.cn/lycb.html
发　　行　中国林业出版社
制　　版　杭州玄鸟文化传播机构
印　　刷　杭州现代彩色印刷有限公司
版　　次　2022 年 5 月第 1 版
印　　次　2022 年 5 月第 1 次印刷
开　　本　787mm×1092mm　　1/16
印　　张　11.75
字　　数　232 千字
定　　价　80.00 元

提升浙江开化钱江源国家公园建设水平！

——摘自中共中央、国务院印发的《长江三角洲区域一体化发展规划纲要》

道法自然

生 态 工 匠

——钱江源国家公园"园丁之歌"

合 唱

1=G 2/4

汪长林 词
翁持更 曲

每分钟110拍 进行曲 自豪、荣光、骄傲地

女
我骄 傲，我 荣 光，奔跑 在 生 态 文 明的
男
春 天 里，我 们 激 情 飞 扬 臻 于 至 善。
(女)我 是 国 家 公 园 的 工 程 师，胸 怀 探 秘 自 然 的
国 家 厚 望，(男声)为 树 立 生 态 监 测 的 钱 江 源 标 杆，
D.S.
我 放 飞 所 有 求 真 的 梦 想。(男)我 是 国 家 公 园 的
先 行 者，(女)肩 负 立 新 破 旧 的 时 代 担 当，
(男)为 创 建 生 态 治 理 的 钱 江 源 样 板，(女)我 释 放 所 有

$\underset{>}{2}$ 2 2 $\underset{>}{2}$ | 5 ($\underset{.}{5}$) 女 创新的能 量。

f

女 | 0 0 | $\underset{>}{3}$ $\widehat{2\cdot 1}$ | 5 $-$ | 7 $\widehat{1}$ 2 | $\{\underset{7}{\overset{2}{\underset{>}{}}}$ $\overset{-}{\underset{.}{}}\}$ |
我自豪， 我荣 光，

f

男 | $\underset{>}{5}$ $\widehat{5\cdot 6}$ | 5 $-$ | 3 $\widehat{2\cdot 1}$ | 2 $-$ | $\{\underset{5}{\overset{5}{\underset{>}{}}}$ $\overset{-}{}\}$ |
我骄 傲， 我荣 光， 啊

$\underset{>}{6\cdot}$ $\underset{.}{\widehat{6}}$ $\underset{.}{6}$ 5 | $\underset{.}{6}$ $\widehat{1}$ 2 | $\{\underset{1}{\overset{3}{}}$ $\underset{7}{\overset{\underset{>}{2}}{}}$ $\underset{1}{\overset{1}{}}$ | $\underset{7}{\overset{2}{}}$ $\underset{1}{\overset{3}{}}$ $\underset{7}{\overset{\underset{>}{5}}{}}\}$ | $\underset{>}{2\cdot}$ $\widehat{1}$ 2 3 | 5 $\underset{>}{5}$ | $\{\underset{3}{\overset{\underset{>}{5}}{}}$ $\underset{3}{\overset{\widehat{5\cdot 6}}{}}\}$ |

f

我们拥有 一 个共同 的 名字叫 生态工 匠，啊我骄

$\underset{>}{6\cdot}$ $\underset{.}{\widehat{6}}$ $\underset{.}{6}$ 5 | $\underset{.}{6}$ $\widehat{1}$ 2 | $\{\underset{1}{\overset{3}{}}$ $\underset{7}{\overset{\underset{>}{2}}{}}$ $\underset{1}{\overset{1}{}}$ | $\underset{7}{\overset{2}{}}$ $\underset{1}{\overset{3}{}}$ $\underset{\underset{.}{5}}{\overset{\underset{>}{5}}{}}\}$ | $\underset{>}{2\cdot}$ $\widehat{1}$ 2 3 | 5 $\underset{>}{5}$ | $\{\underset{1}{\overset{\underset{>}{5}}{}}$ $\underset{1}{\overset{\widehat{5\cdot 6}}{}}\}$ |

f

我们拥有 一 个共同 的 名字叫 生态工 匠，啊我骄

$\underset{3}{\overset{\underset{>}{5}}{}}$ $\overset{-}{}$ | $\underset{1\cdot}{\overset{3\cdot}{}}$ $\underset{\widehat{7}}{\overset{\widehat{2}}{}}$ $\underset{1}{\overset{1}{}}$ | $\underset{7}{\overset{2}{}}$ $\overset{-}{}$ $\}$ | $\{$ | $\underset{.}{6}$ $\underset{.}{6}$ $\underset{.}{\widehat{5}}$ | $\underset{.}{6}$ $\underset{.}{6}$ $\underset{.}{6}$ 5 $\underset{.}{6}$ 1 1 | $\{\underset{7}{\overset{\underset{-}{2}}{}}$ $\underset{1}{\overset{\underset{-}{3}}{}}$ $\underset{7}{\overset{\underset{>}{5}}{}}$ $\overset{-}{}$ | $\underset{3\cdot}{\overset{\underset{>}{5\cdot}}{}}$ $\underset{1}{\overset{3}{}}$ $\underset{7}{\overset{2}{}}$ $\underset{1}{\overset{1}{}}\}$ |

傲， 我荣 光， 奔跑在 生态 文明的 春天里， 我们激情

$\underset{1}{\overset{\underset{>}{5}}{}}$ $\overset{-}{}$ | $\underset{1\cdot}{\overset{3\cdot}{}}$ $\underset{\widehat{3}}{\overset{\widehat{2}}{}}$ $\underset{5}{\overset{1}{}}$ | $\underset{5}{\overset{2}{}}$ $\overset{-}{}$ $\}$ | $\{$ | $\underset{.}{6}$ $\underset{.}{6}$ $\underset{.}{\widehat{5}}$ | $\underset{.}{6}$ $\underset{.}{6}$ $\underset{.}{6}$ 5 $\underset{.}{6}$ 1 1 | $\{\underset{7}{\overset{\underset{-}{2}}{}}$ $\underset{1}{\overset{\underset{-}{3}}{}}$ $\underset{\underset{.}{5}}{\overset{\underset{>}{5}}{}}$ $\overset{-}{}$ | $\underset{1\cdot}{\overset{\underset{>}{5\cdot}}{}}$ $\underset{7}{\overset{1}{}}$ $\underset{7}{\overset{2}{}}$ $\underset{1}{\overset{1}{}}\}$ |

傲， 我荣 光， 奔跑在 生态 文明的 春天里， 我们激情

$\underset{>}{2}$ $\underset{>}{1}$ 0 | $\underset{>}{2\cdot}$ $\underset{>}{2}$ 5 | $\underset{>}{1}$ ($\underset{.}{5}$) | 5 5 | 5 $-$ | 4 5 | 5 $-$ | 5 $-$ | $\overset{\frown}{5}$ $\parallel$

p

飞扬 臻于至善， 臻于 至 善。

$\underset{7}{\overset{7}{}}$ $\underset{.}{1}$ 0 | $\underset{7\cdot}{\overset{7\cdot}{}}$ $\underset{.}{7}$ 7 | 1 ($\underset{.}{5}$) | 3 3 | 3 $-$ | 2 $-$ | 2 $-$ | 3 $-$ | 3 $-$ $\parallel$

$\underset{>}{2}$ $\underset{>}{1}$ 0 | $\underset{>}{2\cdot}$ $\underset{>}{2}$ 5 | $\underset{>}{1}$ ($\underset{.}{5}$) | 5 5 | 5 $-$ | 4 5 | 5 $-$ | 5 $-$ | $\overset{\frown}{5}$ $\parallel$

p

$\underset{.}{5}$ $\underset{.}{1}$ 0 | $\underset{5\cdot}{\overset{5\cdot}{}}$ $\underset{.}{5}$ 5 | 1 ($\underset{.}{5}$) | 1 1 | 1 $-$ | 2 $\underset{.}{7}$ | $\underset{.}{7}$ $-$ | 1 $-$ | 1 $-$ $\parallel$

飞扬 臻于至善， 臻于 至 善。

永远为你守护

任海保（中国科学院植物研究所钱江源森林生物多样性野外科学观测研究站常务副站长、副研究员）

一缕缕阳光，
透射出斑驳的路。
回头看看你的笑容，
我踏上守护的征途。

湿湿的苔藓，薄薄的晨雾，
优雅的白鹇在踱步，
机警的黑麂有点儿像鹿，
这里的美，我为你守护！

山涧、飞瀑、绝壁、老树，
山花漫卷，蜂蝶飞舞，
欢闹的鸟儿在追逐，
还有什么动物在密林深处？
这里的美，我为你守护！

高山之巅回望，
夕阳下，已是归途。
山蛙低吟，倦鸟归林，
萤火虫的光已织成天幕。
这里的美，我为你守护！

漆黑的夜，没有光，
只有你我偎依，
数繁星点点，看织女牛郎。
这里的美，你我的向往，心安的地方！
我为你守护到尽头的时光！

序 一

细数开化逐梦国家公园的历程，从"国家东部公园"的设想到"开化国家公园"的雏形，再到"钱江源国家公园"的试点建设，正如同钱江源的涓涓溪流逐步丰满汇聚而成澎湃的钱江大潮。

2018年国家机构改革，自然保护地管理职能全部划转到林业主管部门，国家公园试点建设的管理职能也同步从发展改革系统划转，这让我有了与开化又一次的缘分。曾经我作为省级主管部门分管负责人管理过古田山国家级自然保护区，2019年4月钱江源国家公园管理局批复成立，6月我被任命为党组书记，作为行业管理者的我又多了一个"园丁"的身份，真正融入了钱江源国家公园这个大家庭，并与大家携手并肩为试点建设奋斗了近3年。

这些年来，我们在省委、省政府的正确领导下，在衢州市委、市政府和开化县委、县政府的大力支持下，全面对照国家公园的建设标准和历次督查评估的反馈意见，始终做到守土有责、守土尽责，坚持原则、敢于创新，扎实推进管理体制改革、队伍人才建设、管控能力提升、体制机制完善、重点项目建设等各个方面的工作落地生根、开花结果，特别是在体制机制创新、地役权改革、清源行动、社区共建、跨区协同等具体改革任务上取得了许许多多的亮点，在中期评估和评估验收时都得到了评估组专家和社会各界的充分肯定，体制试点许多工作都走在了全国前列。这一切都来之不易，融汇了大家的智慧和心血。

一路的筚路蓝缕中，我们披荆斩棘、敢闯敢拼，有着很多深刻的回忆。我们从默默无闻到一鸣惊人、被世界熟知的历程，需要我们好好梳理、好好总结、好好宣传。《潮起钱江源——中国建立国家公园体制的钱江源探索（2017—2020 年）》这本书系统总结记录了钱江源国家公园体制试点实践探索的点点滴滴，它的出版是对我们一路历程的全面检视，也承载着我们对未来的无限展望，将会把我们的经验成果推向全国，发扬光大。

"路漫漫其修远兮，吾将上下而求索。"虽然我国第一批 5 个国家公园已设立，但我们仍在路上，我们的工作依然是"硕果满仓"。在此，借这个机会，向一直以来关爱和帮助钱江源国家公园试点建设的领导和专家致以诚挚的感谢，向参与钱江源国家公园试点建设的各位"园丁"致以崇高的敬意。前路虽艰，但未来可期，我们仍需砥砺前行。也借这个机会与各位"园丁"共勉，希望大家始终秉承生态文明理念，牢记初心和使命，树立"功成不必在我，功成必定有我"的政绩观，再接再厉、守正创新、久久为功，为共同推动钱江源国家公园建设再创新局，为推动钱江源生态系统完整性保护再添新彩！

最后，祝愿钱江源国家公园拥有更加美好的明天！

浙江省林业局一级巡视员

钱江源国家公园管理局党组书记

二〇二一年十月于杭州

序 二

兼任钱江源国家公园管理部门行政主要负责人近四年了。

虽是兼职，却也参与了体制试点几乎所有的大小事宜：从学习解读《国家公园体制试点总体方案》到讨论通过《钱江源国家公园体制试点三年行动计划（2018—2020年）》；从参与集体土地地役权改革到宣布"钱江源国家公园频道"开播；从开展"清源"系列专项行动到推进钱江源国家公园科普馆建设。这期间，不敢懈怠，也从未懈怠！

体制试点是个艰难推进的过程，碰到的困难多，有些难度还不小。

2017年，《国家公园体制试点总体方案》公布，其中有要求国家公园"全民所有自然资源资产占主体地位"。对集体土地面积占比达80%以上的钱江源来说，这无疑是当头一棒。2018年，大家一直都在探讨这个问题的解决之道。经测算，如果通过产权赎买，将大部分集体林转化为国有林，从而实现全民所有自然资源资产占比达50%以上，需要资金30多亿。即使只赎买核心保护区的集体林地，也需要10多个亿。这无疑是不现实的。面对困难，在专家团队的帮助和支持下，我们在全国率先开展了集体土地地役权改革，虽然不改变土地权属，但通过地役权的设置和补偿，实现了全民所有自然资源资产在实际控制意义上的主体地位。2018年，国家公园范围内约1.83万公顷集体林地全部签订地役权协议。在省财政厅的支持下，集体林地地役权每年1800多万元的补偿资金已列入省财政预算。2021年9月，钱江源国家公园的此项创新举措成功入选"生物多样性100+全球特别推荐案例"，此类案例全球仅19例。我们的劣势成了我们体制试点中可复制、可推广的浙江经验。

2018 年 8 月，在自然资源部、国家林业和草原局（国家公园管理局）组织的国家公园体制试点专项督察中，开化县"水湖·枫楼"招商引资项目虽然前期手续完备，但因位于生态保育区，被明确要求整改。该项目立即被叫停，并随即成立了项目处置工作小组。洽谈处置一年多时间里，工作小组与第三方评估审计单位一起，先后 17 次深入现场测算，组织开展了 59 次内部沟通会和双方协调会，最终达成政府回购协议并全面完成回购。如今，该项目后续资源综合利用规划设计工作正在进行，这里也一定会成为钱江源国家公园内开展自然教育、组织研学活动的重要场所。

正是在国家林业和草原局（国家公园管理局）的关心支持下，在浙江省委、省政府和衢州市委、市政府的高度重视下，在浙江省林业局等省直机关的直接参与下，在一大批专家学者的精心指导下，开化县委、县政府和钱江源国家公园管理局共同努力，克服了体制试点中一个又一个困难。这些，都在《潮起钱江源——中国建立国家公园体制的钱江源探索（2017—2020 年）》一书中得以再现。阅读本书，可以感受到钱江源国家公园"园丁"们在试点过程中的努力与付出，感受到这支队伍身上源于历史基因和现实基础的生态勇气，感受到他们身上勇于创新、敢为人先的浙江精神。

2021 年 1 月，开化县委十四届十一次全会作出"建设社会主义现代化国家公园城市"的重大决策部署，这是开化未来发展的新目标、新定位。我们将在致力建好国家公园的同时，坚持以国家公园生态引领全域、以国家公园风景贯穿全域、以国家公园品牌带动全域、以国家公园标准治理全域，着力打造依托国家公园实现绿色健康永续发展的全域生态城乡共同体。为此，我们将不懈努力！

中共开化县委书记
钱江源国家公园管理局党组副书记、局长
二〇二一年十月于开化

编者序

事非经过不知难！

钱江源国家公园作为全国首批十个国家公园体制试点区之一、长江三角洲地区唯一的国家公园体制试点区，位于浙江省的开化县，与安徽、江西相毗连。这里经济相对发达、人口密度大、集体土地占比高。如何建立统一高效的管理体制，如何落实最严格的保护措施，如何协调保护与发展、人与自然的关系，如何实现大面积集体土地的统一监管，如何有效推进跨省合作保护，等等。所有这些，都是钱江源国家公园在体制试点过程中必须客观面对、有效破解的难题。

凡事预则立，不预则废。早在2018年10月，钱江源国家公园管理委员会（现为钱江源国家公园管理局）就联合开化县人民政府，制定出台了《钱江源国家公园体制试点三年行动计划（2018—2020年）》，以国际化的视野和中国化的方案，明确了钱江源国家公园体制试点的指导思想、目标体系、基本原则、行动路径和保障机制，特别是确立了体制攻坚、生态创优、科研争先、社区共建和环境教育"五大行动"，让钱江源国家公园体制试点工作行有方向、动有力量。

经过三年多的不懈努力，《钱江源国家公园体制试点三年行动计划（2018—2020年）》确定的57项具体工作业已全面高质量完成，面对的一项一项难题均在实践探索中找到答案，为我国国家公园建设积累了许多可复制、可推广的"浙江经验"。答案源于创新。在2020年9月国家林业和草原局（国家公园管理局）组织开展的第三方评估验收中，我们共梳理总结了24项创新性工作，得到专家组的高度评价，并在最终的评估验收量化得分中取得排名第三的好成绩。

就在本书即将付梓的 2021 年 9 月 27 日，在昆明召开的联合国《生物多样性公约》缔约方大会第一阶段会议非政府组织（NGO）平行论坛中，"钱江源国家公园集体土地地役权改革的探索实践"从全球 26 个国家的 258 个申报案例中脱颖而出，成为 19 个"生物多样性 100+ 全球特别推荐案例"之一。这是继 2019 年 9 月 26 日钱江源国家公园以陆地生物保护代表的身份被写进《地球大数据支撑可持续发展目标报告》并由中国政府在联合国可持续发展峰会上发布之后，钱江源国家公园再次走上世界的舞台。

正如中国科学院院士魏辅文所说：钱江源国家公园是我国国家公园试点的先行者和体制机制改革创新的践行者和排头兵，其所实施的一系列改革举措如社区共建、跨省合作保护等将为如何构建天人合一、人与自然和谐的国家公园提供重要的经验。世界自然保护联盟（IUCN）亚洲区会员委员会主席，中国科学院生物多样性委员会副主任兼秘书长、植物研究所研究员马克平表示：开化的领导、钱江源国家公园的管理人员在自然保护方面非常努力，这种保护自然的精神很好地展示了中国风采。北京师范大学国家公园研究院副院长、中国野生动物保护协会副会长兼国家公园及自然保护地委员会主任张希武曾在微信中留言：应该为钱江源国家公园点赞，他们的工作真的很出色，他们专心研究、思路清晰、干事扎实、有板有眼，试点稳步推进，成效明显。

本书以"五大行动"为框架，采用通讯的写作方式，旨在系统梳理总结钱江源国家公园在体制试点进程中所做的工作及取得的成效，以期让更多的人能够了解钱江源、走进钱江源，并在钱江源国家公园未来的建设中给予更多的支持和帮助。由于编者水平有限，许多工作可能没有得到充分的体现，书中也难免会有不妥或疏漏之处，敬请批评指正！

钱江源国家公园管理局党组成员、常务副局长
开化县政府党组成员
二〇二一年十月于古田山

目　录

引言

钱江源国家公园体制试点三年行动计划
(2018—2020 年)

    《钱江源国家公园体制试点三年行动计划（2018—2020 年）》（以下简称《三年行动计划》）是钱江源国家公园试点区近三年的行动指南。依托已有工作基础，对标《建立国家公园体制总体方案》《钱江源国家公园体制试点区总体规划（2016—2025 年）》《钱江源国家公园体制试点区试点实施方案》，坚持目标导向、问题导向、任务导向、项目导向，重点结合各级专项资金、各类社会资金的科学配置与使用，积极有效开展国家公园体制试点，明确组织实施好一批重点行动和重点项目，探索形成可复制、可借鉴的"浙江模式""浙江样板"，在 2020 年创成国家公园。

一、工作基础

（一）国家公园实质性运行

    2016 年，《钱江源国家公园体制试点区试点实施方案》获国家发展和改革委员会（以下简称国家发改委）批复。2017 年，浙江省委机构编制委员会办公室批复设立钱江源国家公园党工作委员会、管理委员会，作为衢州市派出机构，与开化县委、县政府实行"政区合一"管理模式，管理委员会内设综合办公室，下设生态资源保护中心。生态资源保护中心内设综合保障、资源管理、规划建设、社区发展、科研合作交流 5 个部，下设 4 个乡镇和 1 个国有林场保护站，保护站书记、站长分别由乡镇、县林场党政主要领导兼任。

（二）规划与制度逐步完善

    2017 年 10 月，《钱江源国家公园体制试点区总体规划》经省政府同意正式发布实施，标志钱江源国家公园体制试点工作全面启动；修订《钱江源国家公园山水林田河管理办法》，出台全国首个地方《畜禽养殖污染监督管理规范》，实施《规范农村居民建房强化空间管控若干意见》，引导群众转变生产生活方式；制定《司法救助生态办法》，在全省首设环境资源巡回法庭，从司法层面震慑破坏生态行为；出台全国首个国家公园标准体系《钱江源国家公园标准体系》，推进钱江源国家公园规范化建设。

（三）资金保障体系基本建立

国家发改委在 2017 年、2018 年已分别安排 4000 万元项目经费支持钱江源国家公园体制试点，浙江省政府则从 2018 年起由省财政连续 5 年设立每年 1.1 亿元试点专项资金，钱江源国家公园林地地役权改革新增生态补偿资金（约 500 万元／年）纳入省财政预算。此外，随着钱江源国家公园知名度的不断提高，越来越多的社会力量开始关注钱江源国家公园建设；法国开发署国家公园项目基本完成概念性规划。

（四）基础设施项目相继落地

投资 6000 万元的钱江源国家公园科普馆项目已于 2017 年 7 月开工建设，2019 年将全面建成；钱江源国家公园生态保护与监测工程建设即将开工建设；"珍稀植物园""信息智能化管护工程"等项目正在积极谋划。此外，已明确钱江源国家公园范围区界矢量图的划分依据及标准，完成保护站点、巡护步道、野外视频监控等点位布控方案，全面完成界桩、界碑布设。

（五）科研监测工作迈出大步

与中国科学院（以下简称中科院）植物所签订科技合作框架协议，投资 4000 万元左右的中国亚热带生物多样性研究中心落户钱江源国家公园。目前，钱江源国家公园已建成四大科研平台：森林动态样地监测平台，是中国森林生物多样性最完善的监测样地体系，也是世界热带森林研究中心（CTFS）监测网络的重要组成部分；生物多样性与生态系统功能实验平台，是全球唯一一个中欧合作的亚热带研究平台，也是中国唯一一个区域性气候研究中心；全境网格化生物多样性综合监测平台，是全球率先建立的全境网格化监测基地；林冠生物多样性监测平台，是目前中国 7 个林冠生物多样性监测平台之一，全球仅有 19 处。

（六）地役权改革取得阶段性成果

试点区集体林地地役权改革基本完成，试点范围内所有集体林地全部实行 48.2 元／亩[①]·年的地役权生态补偿标准。目前，试点区 21 个行政村全部签订了集体林

---

① 1 亩=1/15 公顷。以下同。

地地役权设定合同，实现了国家公园范围内重要自然资源的统一管理。委托国务院发展研究中心苏杨团队开展的《基于细化保护需求和生态系统补偿原理的地役权制度实施方案及法规研究》课题研究成果已通过专家评审，为下一步地役权改革的深化和拓展奠定了基础。

（七）跨省合作取得良好开端

一是省际毗邻镇村合作保护模式实现全覆盖。国家公园已与毗邻的江西、安徽所辖 3 镇 7 村，以及安徽休宁岭南省级自然保护区签订合作保护协议，野生动物网格化监测体系已拓展至江西省、安徽省毗邻区域。二是开展了系列合作研究课题。针对安徽休宁及江西婺源、德兴的植物类型分布和动物活动的半径等，管理委员会在委托上海师范大学开展大量调查摸底的基础上，初步划定了跨区域合作的范围，并探索在跨行政区背景下日常管理、综合执法、经营监管等方面可操作、可实现的机制措施。三是县级层面合作保护机制进一步深化，四地政法系统共同签署了《开化宣言》，建立了护航国家公园生态安全五大机制。

（八）对外交流合作富有成效

引进并举办世界自然保护联盟（IUCN）亚洲区会员委员会年会，来自 17 个国家的 23 名代表实地考察了钱江源国家公园并举行了钱江源国家公园发展战略研讨会；成功加入中国生物圈保护区网络 (CBRN)；与世界自然基金会签署战略合作协议，启动钱江源国家公园环境教育专项规划编制工作；完成科研年报、保护与发展年报编辑工作；收集整理《钱江源国家公园研究成果论文集》；创作《钱江源国家公园》书籍和《亚热带之窗》歌曲。

二、指导思想与目标体系

（一）指导思想

认真贯彻习近平新时代生态文明思想，全面落实中央和省、市、县决策部署，深入践行 "生态保护第一、国家代表性、全民公益性"国家公园理念，以尊重自然、爱护自然、欣赏自然、人与自然和谐相处为诉求，以加强自然生态系统原真性、完整性保护为核心，以实现国家所有、全民共享、世代传承为目标，以地役权改革、跨行政区域合作、环境教育实施等创新行动为突破口，理顺管理体制，创新运营机制，健全法治保障，强化监督管理，率先探索符合我国国情及东部地区实际情况的国家公园体制试点经验，成为我国国家公园创建的重要示范、先进样本。

（二）目标体系

1. 一个总目标

2020 年创成钱江源国家公园。

2. 三个具体目标

（1）建设常绿阔叶林的世界之窗。保护国家公园内生态系统完整性、原真性，国家公园标识鲜明，环境教育氛围浓厚，科普教育内容延伸到一切与常绿阔叶林相关范畴，全面展示国家公园生态价值，建成国家公园生态文化体系，成为公众认识、学习、理解、欣赏亚热带常绿阔叶林的世界级窗口。

（2）建成科研与监测的中国样本。建设中国亚热带生物多样性研究中心、中国区域气候研究中心等国际一流的科研机构，将搭建包含动植物、微生物的多尺度、全面立体综合生物多样性监测平台，使这里成为国内乃至世界领先的生物多样性科研与监测基地。

（3）成为共抓大保护的东部标兵。在我国经济较发达、人口密集、集体林占比高的东部区域，积极探索创新生态资源环境的保护与利用模式，基本完成跨行政区域合作、地役权等体制机制改革，实现更严格、科学、高效的保护，提炼形成示范样本，为同类或相似类型的自然保护地建设提供可借鉴、可复制的试点经验。

三、四项基本原则

（一）生态保护第一

把亚热带常绿阔叶林生态系统原真性、完整性保护放在首要地位。一是意识上增强，牢记保护"大面积全球稀有的中亚热带低海拔典型的原生常绿阔叶林地带性植被"的历史使命。二是体制上突破，要深入对接、系统谋划，在行政管理体制、自然资源资产全民所有占比、跨行政区域合作等方面取得突破。三是项目上凸显，要把生态保护性项目作为钱江源国家公园项目库中的核心部分来抓，实现基础设施更加完善、管护体系更加科学、联防协作更加深入。

（二）科研监测树标

要在科研队伍、监测网络和智慧公园建设上走在全国前列。一是增强科研力量，建设集科研、监测、教育等功能于一体的中国亚热带生物多样性研究中心，力争形成一批国际领先的科研成果和人才队伍。二是完善科研监测网络，重点完成国家公园全境网格化生物多样性综合监测平台搭建。三是建立智慧国家公园，建设"智慧大脑"综合管理系统，加快完善信息通讯设施网络。

（三）原住居民为本

充分认识原住居民在生态原真性、完整性保护中的重要作用，处理好"原住居民与国家公园"关系。一是地位上尊重，多渠道征集原住居民对钱江源国家公园建设的意愿、设想和建议，并充分吸收到制度设计、项目安排等实际工作中。二是过程中参与，支持原住居民积极参与地役权改革、跨行政区域合作等体制试点具体事务。三是民生上作为，优先安排原住居民医疗、教育、文化设施等项目，关注钱江源国家公园内人居环境改善工作；四是构建国家公园生态产品增值体系，开展各类特许经营活动，促进原住民就业增收。

（四）环境教育立园

以"常绿阔叶林的世界之窗"为目标，把环境教育作为钱江源国家公园最大特色和最大优势来打造。一是高起点定位，把钱江源国家公园定位为认识、学习、理解、欣赏常绿阔叶林的世界级窗口。二是高标准规划，邀请国内外顶尖的环境教育研究团队，制定并实施环境教育专项规划。三是高水平实施，组织专业队伍建设环境教育项目，借智借力高水平开展环境教育活动。

四、五大建设行动

（一）体制攻坚行动

1. 完善行政管理体制

按照《建立国家公园体制总体方案》要求，深化现行管理体制改革，积极争取上级政策、资金、人才等支持，建立由省政府垂直管理、纳入省一级预算的钱江源国家公园管理机构。加强与省级有关部门对接，争取尽快制定颁布《钱江源国家公园管理条例》。

2. 提高全民所有占比

按照"国家所有、全民共享、世代传承"的国家公园建设目标，根据《钱江源国家公园体制试点总体规划》要求，探索集体林地征收、置换等工作，逐步提高全民所有自然资源占比。全面推进集体林地、宅基地、农村承包土地地役权改革，最终实现国家公园范围内所有自然资源资产由钱江源国家公园管理委员会统一监管保护的目标。

3. 开展省际合作共建

在与江西省、安徽省相关县（市）、自然保护区签订合作保护协议基础上，探索建立跨区域生态补偿、地役权改革机制，进一步开展品牌、政策、科技、产业、成果共享活动，打造生态共同体和利益共同体，推进更大尺度生态系统保护。

（二）生态创优行动

1. 推进保护站与保护点建设

围绕"管理委员会、中心、站、点"四级管护网络，加快推进基础设施建设，建立科学管护体系。建设完善苏庄、长虹、何田、齐溪、县林场等5个保护站，设立21个保护点和空气、温度、土壤、水质等生态监测站，在试点区重要的山口、路口、隘口设置哨卡。

2. 推进巡护路线及制度建设

按照改造提升、串通联网、巡查管护的要求，构建跨省、跨区、跨乡的巡护路线网，推进安徽休宁、江西婺源等省际巡护道路建设。加快制定《保护站工作职责》《钱江源国家公园火灾应急预案》《专职生态巡护员管理办法》等制度，落实生态巡护员考核制度，实现巡护工作的常态化。

3. 开展巡护设施及队伍建设

制定巡护员招聘方案，建立社区（村）专（兼）职巡护队伍和森林消防队伍；增设消防水池、通讯基站，完善森林消防基础设施建设，建设火情瞭望监测监控点，提高火情火警的预防监测能力；结合智慧公园系统要求，安装监控平台和摄像头，加快国家公园综合在线监测和指挥系统等软硬件建设，逐步建立人防、物防、技防的"三防"体系。开展生态及栖息地修复。坚持生态系统自然修复的基础上，通过人工干预的方式，对碎片化林地、大面积经济林、荒山荒田等进行生态修复。禁止河道采沙、矿场开采等活动，逐步推进国家公园范围内水电站、木材加工厂、水厂等经营权处置，探索建立自然资源利用退出机制。

（三）科研争先行动

1. 搭建全境网格的科研监测体系

完成国家公园全境网格化生物多样性综合监测平台搭建，启动动物卫星追踪监测，开展珍稀动植物调查、拯救与培育技术研究。加快院士工作站建设的对接服务。加强与中科院植物所对接，完成植物人工识别APP系统建设。建设集科研、监测、教育等功能于一体的中国亚热带生物多样性研究中心。

2. 建立全境覆盖的智慧设施体系

积极整合智能监控图像识别技术，建设钱江源国家公园"智慧大脑"综合管理系统。加快完善信息通讯设施网络，在移动信号盲区建设移动基站，实现网络全覆盖。适时引入"第三方"监测机构，利用航空摄影和卫星遥感影像技术手段，通过高分辨率遥感影像的获取、处理，对资源保护情况进行动态监测。

3. 开展生态系统综合研究

广泛开展森林流域资源调查、监测及信息处理，做好空气污染指数、噪声指标、地表水质量的监控和发布。做好森林防疫工作，严防外来物种侵袭，开展保持现有植被类型演替的稳定性研究、森林群落结构与物种多样性研究等。开展钱江源国家公园地质地貌研究。

4. 开展生物多样性保护综合研究

建立钱江源国家公园研究院，监测野生动物白颈长尾雉（*Syrmaticus ellioti*）、黑麂（*Muntiacus crinifrons*）等物种的分布及数量和种群结构变化、生境状况、群落演替状态等，做好试点区内动植物种群数量、分布与生境监测工作。

（四）社区共建行动

1. 深入开展村庄综合整治

结合美丽乡村建设和乡村振兴战略实施，在齐溪、何田、长虹、苏庄国家公园游憩展示区或传统利用区开展社区环境综合整治，提升社区公共卫生设施水平。全面开展畜禽养殖污染整治。实施溪流自然河道绿化，做好村庄河流综合治理。健全文化娱乐、购物休闲、居住餐饮等设施。

2. 有序推动产业富民

构建以龙顶茶、中蜂、山茶油、清水鱼为主导的休闲农业特色产业体系。科学开展生态游憩活动，建设高田坑村暗夜星空项目、"清水鱼"农业文化遗产博物馆项目，适度建设养生养老服务基地。

3. 提高社区公共服务水平

积极关注原住居民教育卫生事业的发展，针对区域内教育卫生事业的短板，提供人才与资金的帮扶。率先在区域学校内开设钱江源国家公园校本课程。有效开展就业技能培训，鼓励当地居民或其举办的企业参与国家公园内特许经营项目，促进当地居民就业。

4. 共享国家公园品牌红利

统一国家公园品牌标准，加快制定钱江源国家公园品牌管理制度，加强品牌的策划和营销，不断提升品牌传播力。构建国家公园产品品牌增值体系，将资源环境的优势转化为产品品质的优势并通过产品平台固化推广，最终实现单位产品价值的明显提升。

（五）环境教育行动

1. 高水平建设亚热带之窗项目

以"亚热带常绿阔叶林"为主题，在国家公园周边区域，依托钱江源国家公园科普馆、中国亚热带生物多样性研究中心、钱江源国家公园珍稀植物园等，通过滨水休闲廊道、森林科普廊道串联，打造世界级的亚热带之窗。

2. 高标准建设环境教育系统

系统梳理钱江源国家公园的资源和特色，提炼国家公园环境教育主题。针对公园资源条件和发展需求，建立并完善国家公园环境教育与解说体系。完成户外宣教标识标牌体系设计，统一设置国家公园标识标牌，实施环境教育项目，编撰《钱江源国家公园自然导览丛书》。

3. 绿色化开展生态环境宣教

高水平推进环境教育多媒体宣传，联合知名媒体开展钱江源国家公园主题宣传，拍摄高水平纪录片，依托中科院植物所《生物多样性》杂志，编发《钱江源国家公园专题》专刊。出版钱江源国家公园旅游画册、导游图、折页等。改造新建国家公园访客中心，增加并完善功能，建设宣传教育服务培训中心。

4. 长效化开展居民文化素养培训

加强村民教育管理，建立社区文化传播机制，定期举办"读书进社区"等活动，打造社区文化活动月，普及地方文化风俗、知识与传统，在提升社区自豪感的同时为社区对外宣传地方文化奠定基础。通过举办溯源钱塘江、生态文明主题文化演艺等节庆活动，挖掘传统文化的生态特征，丰富国家公园体制试点区的文化内涵。

5. 多样化策划科普游憩活动

借助环境教育特色设施，策划一批参与度、体验性较好的教育活动，使公民在玩乐中接受环境教育。开展农作体验、拓展训练、夜观星空、溪流探径等活动，吸引都市家庭参加。策划自然学校，开发出新奇多彩的自然教育课程，吸引青少年参加。

五、五项保障机制

（一）条线对接机制

生态资源保护中心、国家公园管理办公室、县编办、县法制办、县财政局、县发改局、县农业局、县林业局、县国土局等重点部门要紧紧围绕"2020年创成钱江源国家公园"这一总体目标，积极与上级相关部门对接，了解试点信息，争取试点支持，推动管理体制、资金扶持、法规建设等体制机制试点工作真正落地。

（二）专班运行机制

"专班"是衢州市推进重点工作的一项重要经验。《三年行动计划》中的牵头单位要根据今后三年的重点任务、责任清单、完成时限，借鉴"专班"经验，集中"优势兵力"，一项任务一个专班，推动体制试点任务顺利完成。

（三）动态调整机制

制定钱江源国家公园三年行动计划项目管理办法，明确项目立项、实施、变更、验收、调整等程序，对因外部情况变化造成三年行动计划项目实施困难的，及时增补、删减相关计划，建立项目动态调整机制，同时，制定与项目动态调整相适应的资金管理办法。

（四）常态督考机制

要组织专班开展日常督考，定期通报《三年行动计划》中确定的工作任务、重点项目推进情况，发现问题及时整改；同时，要将《三年行动计划》列入县综合争先考核，明确考核重点，加大考核权重，并将考核结果与干部使用、评优评先紧密结合。

（五）联席议事机制

县政府、管理委员会将建立联席议事机制，由相关县领导、管理委员会领导牵头，各有关部门、相关乡镇作为联席议事成员单位，制定议事规则，定期召开例会，商议试点重大事项，及时切实解决《三年行动计划》实施过程中碰到的困难与问题。

壹/

体制攻坚

垂直管理，区政协同：
不一样的国家公园管理体制

朱寅

    2019 年 4 月 15 日，浙江省委机构编制委员会（以下简称"浙江省委编委"）印发《关于调整钱江源国家公园管理体制的通知》，确定组建钱江源国家公园管理局，由省政府垂直管理，纳入省一级财政预算，由省林业局代管；省林业局副局长兼任管理局党组书记，开化县县长兼任管理局局长；设副局长 2 名，其中，常务副局长负责日常工作。就此，钱江源国家公园管理局既垂直管理又区政协同的新型管理体制得以明确（图 1.1）。当年 7 月 2 日，钱江源国家公园管理局在开化揭牌成立。

钱江源国家公园管理局揭牌仪式

在此之前，由浙江省发改委委托中科院地理所编制的《钱江源国家公园体制试点区总体规划（2016—2025年）》，已于2017年11月经省政府同意发布实施；经省政府同意，省财政厅从2018年起设立每年1.1亿元的钱江源国家公园体制试点专项资金，直至2022年；2017年8月，省人民代表大会同步启动了《钱江源国家公园管理条例》的立法调研和起草工作，持续关注和推进国家公园"一园一法"建设；2017年3月，浙江省委编委批复设立了中共钱江源国家公园工作委员会、钱江源国家公园管理委员会，与开化县委、县政府实行"两块牌子、一套班子"的"政区合一"管理体制。随着本轮管理体制改革的落地，标志省级层面基本完成钱江源国家公园体制试点的顶层设计。

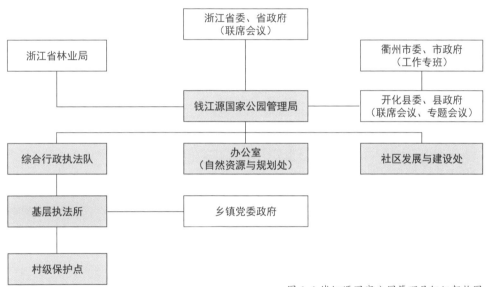

图1.1 钱江源国家公园管理局组织架构图

▲专家点评

2019年9月，在国家林业和草原局（国家公园管理局）组织第三方开展的体制试点中期评估中，评估组组长、北京师范大学副校长葛剑平教授（左三）有感而发：钱江源国家公园"垂直管理、区政协同"的管理体制是钱江源国家公园体制试点的最大亮点之一，有效实现了体制试点各项工作的顺利推进。

垂直管理

在国家公园体制试点开始前，我国经过 60 多年的努力，已经建立了数量众多、类型丰富、功能多样的各级各类自然保护地，但各保护地存在区域重叠、多头设置、管理边界不清、责权不明、保护与发展矛盾突出等问题。

以钱江源国家公园为例，其范围包括古田山国家级自然保护区、钱江源国家森林公园 2 个自然保护地和钱江源省级风景名胜区以及 1 个国有林场，其中，钱江源国家森林公园和钱江源省级风景名胜区大部分范围重叠；国家公园涉及苏庄、齐溪、长虹、何田 4 个乡镇 21 个行政村 2 个 4A 级景区和 1 个 3A 级景区，由林业、住建、旅游等多个部门分别主管。部门各有各的政策，各有各的保护区域，各有各的管理目标和侧重点，这种划部门而治的管理体制导致了严重的制度碎片化。

2017 年 9 月，中共中央办公厅、国务院办公厅印发的《建立国家公园体制总体方案》（以下简称《总体方案》）中明确提出，国家公园要"建立统一事权、分级管理体制"。

> "建立统一的管理机构。整合相关自然保护地管理职能，结合生态环境保护管理体制、自然资源资产管理体制、自然资源监管体制改革，由一个部门统一行使国家公园自然保护地管理职责。国家公园设立后整合组建统一的管理机构，履行国家公园范围内的生态保护、自然资源资产管理、特许经营管理、社会参与管理、宣传推介等职责，负责协调与当地政府及周边社区关系。可根据需要，授权国家公园管理机构履行国家公园范围内必要的环境资源综合执法职责。"
>
> ……
>
> "国家公园内的全民所有自然资源资产所有权由中央政府和省级政府分级行使，其中，部分国家公园的全民所有自然资源资产所有权由中央政府直接行使，其他委托省级政府代理行使。条件成熟时，逐步过渡到国家公园内全民所有自然资源资产所有权由中央政府直接行使。"
>
> —— 《建立国家公园体制总体方案》

《总体方案》提出的要求总结起来就是四个字——垂直管理。要实现垂直管理，必须要建立国家公园管理的实体机构。该机构首先要承担法律法规赋予或地方政府授权的资源管理、生态修复、特许经营、综合执法等事务，同时它要提供生态环境保护、自然教育、科学研究等公益服务。因此，这个机构既要承担行政职能，同时又要具备公益组织的特点。

2019 年 4 月，浙江省委编委整合原有的钱江源国家公园党工作委员会、管理委员会，组建由省政府垂直管理、省林业局代管的钱江源国家公园管理局，属正处级行政机构、省一级预算单位。

新机构与原机构最大的不同，在于人、财、物实行垂直管理。一是人事任免权实行垂直管理。管理局党组书记、局长由省委组织部任免，其他处级领导干部及党组成员由省林业局党组在充分征求衢州市委意见的基础上任免，管理局科级领导干部由管理局党组在充分征求开化县委意见的基础上任免。二是财务预算与执行实行垂直管理。2020 年起，钱江源国家公园管理局作为省一级预算单位，预算的执行均按照省政府垂直部门管理。

区政协同

为了明确国家公园管理局与地方政府之间的管理职能划分问题，《总体方案》提出：合理划分中央和地方事权，构建主体明确、责任清晰、相互配合的国家公园中央和地方协同管理机制。中央政府直接行使全民所有自然资源资产所有权的，地方政府根据需要配合国家公园管理机构做好生态保护工作。省级政府代理行使全民所有自然资源资产所有权的，中央政府要履行应有事权，加大指导和支持力度。国家公园所在地方政府行使辖区（包括国家公园）经济社会发展综合协调、公共服务、社会管理、市场监管等职责。

根据《总体方案》的要求，浙江省创新地采用"区政协同"机制来协调国家公园管理局和地方政府之间的管理职能。

"'区政协同'主要通过三种制度来实现：交叉兼职、定期例会和绩效考核。"钱江源国家公园管理局常务副局长汪长林说。

（一）交叉兼职

省级层面建立以分管副省长任组长的"钱江源国家公园体制试点工作领导小组"，管理局党组书记由省林业局副局长兼任，协调省级相关部门解决体制试点中的重大问题；衢州市将试点工作列入全市 15 项重大攻坚任务之一，组建由市委书记、市长任双组长的"钱江源国家公园体制试点工作专班"，全面强化统筹协调；开化县成立"钱江源国家公园体制试点领导小组"和"咨询专家委员会"，管理局局长由开化县委书记（或县长）兼任，举全县之力共同推动体制试点各项工作。同时，管理局常务局长和副局长均兼任开化县政府党组成员，直接参与地方重大事务决策。

▲专家点评

北京师范大学国家公园研究院副院长、中国野生动物保护协会副会长兼国家公园及自然保护地委员会主任张希武（右二）认为："钱江源模式"管理体制既明确了国家公园管理局作为省政府所属独立事权属性和主导性职责，又最大限度发挥了管理机制优势，管理局和县政府制度化解决了体制试点工作中遇到的难题。

（二）定期例会

例会一般每 2 个月举行一次，由开化县委、县政府主要领导或联系领导主持，召集全县所有相关部门（乡镇）共同研究落实国家公园体制试点相关事宜。2018年以来，钱江源国家公园体制试点的一些重要行动，如"清源"行动、小水电整治、地役权改革等，都在历次例会上研究确定各个部门（乡镇）的分工职责，由县政府与国家公园管理局联合印发红头文件，全县相关部门（乡镇）与管理局共同推进。

（三）绩效考核

钱江源国家公园管理局和开化县委、县政府实现双方互相考核的制度。钱江源国家公园体制试点的工作内容，被纳入开化县有关职能部门和乡镇的年终绩效考核中，每年年底，由钱江源国家公园管理局对有关职能部门和乡镇进行考评。而在钱江源国家公园管理局考核地方政府部门的同时，地方政府也会对钱江源国家公园管理局进行考核。钱江源国家公园管理局除了做好钱江源国家公园体制试点的本职工作外，是否努力推动地方经济社会发展，也是开化县委、县政府的重要考核内容。这种双向考核机制，促使形成了地方政府和钱江源国家公园管理局互相促进、合力共赢的局面。

依靠地役权
实现集体土地统一监管

朱寅

　　"确保全民所有的自然资源资产占主体地位，管理上具有可行性"，这是 2017 年 9 月中共中央办公厅、国务院办公厅印发的《建立国家公园体制总体方案》中提出的明确要求，而钱江源国家公园体制试点区全民所有自然资源资产占比不足 20%。

国家公园管理局公园办副主任田勇臣（右二）一行实地调研地役权改革等工作

▲**专家点评**

武汉大学法学院副院长、教授秦天宝认为：一方面，依据国家强制力保障实施的征收制度，虽有公共利益这一正当性实施前提，但是其手段的强硬性和成本的高昂性不利于在国家公园所有区域内大规模实施。另一方面，土地流转制度虽然有多重实现方式，但依旧难以摆脱流转的合法性、成本的效益性以及农民的积极性等问题的困扰。因此，地役权既摆脱了传统强制手段造成的不稳定因素，又因为使用权转移的不完全性而节约成本，从而成为一条合理灵活、互利双赢的法治路径。

武汉大学法学院副院长、教授秦天宝调研地役权改革情况

2018 年 3 月，钱江源国家公园管理局在全国率先开展集体林地地役权改革，在不改变土地权属的基础上，实现了全民所有自然资源资产在实际控制意义上的主体地位，为我国南方集体林区建立以国家公园为主体的自然保护地体系提供了可复制、可推广的"浙江经验"。

他山之石，可以攻玉

地役权是一个古老而又新颖的概念，但在中国鲜为人知。

说它古老，是因为古罗马法就有了这项法律制度。早在公元 2 世纪的古罗马，地役权就因农业耕作之需（主要是灌溉和通行）利用他人土地而被创设，后逐渐扩展至其他不动产和城市，甚至成为孵化其他用益物权种类的"母权"，后世的《拿破仑法典》《瑞士民法典》和《日本民法典》等著名法典都对地役权有明文阐述。我国在清末的法律改革中也曾引进地役权制度。

说它新颖，是因为新中国成立后，地役权被完全废止。直到 2007 年，地役权制度才重新被《物权法》确立。经过多年的实践，在 2020 年 5 月由中华人民共和国第十三届全国人民代表大会第三次会议通过的《中华人民共和国民法典》（以下简称《民法典》）中，再次明确了地役权的定义和具体细则。

根据《民法典》第 372 条的规定："地役权人有权按照合同约定，利用他人的不动产，以提高自己的不动产的效益。前款所称他人的不动产为供役地，自己的不

动产为需役地。"

如何理解这句话呢？举个例子。

一个瀑布的前方有两块地，甲乙各自拥有一块。乙在自己的地上造了一个大别墅，为了不影响观赏瀑布，乙和甲协商后签订了合同：甲同意五十年之内，不在自己的土地上建造房屋；与此同时，乙支付给甲一笔补偿金。

乙借甲的土地升值，他的权利就是地役权。

乙的土地为需役地，甲的土地为供役地。

自19世纪晚期以来，美国的环境保护地役权制度获得了长足的发展，使用保护地役权和土地信托来保护未开发的土地在美国已经成为一种非常流行的机制[1]。

美国近60%的土地属于私有，几乎没有完整的生态系统完全存在于联邦土地上，但却有完整的生态系统几乎完全存在于私人土地上[2]，基于这一现实，虽然美国国家公园管理局的核心政策之一就是获得园内全部土地的完整产权以充分支配所有决策[3]，但为了缓解购买、征收土地所带来的财政压力，同时维持某些历史上的生产生活方式，美国采取了混合权属处置模式，即土地所有权部分为联邦政府（或管理机构）所有，部分为私人所有，同时设置保护地役权限定土地利用方式和强度，以实现土地私有率较高地区的生态保护目标[4]。

▲专题研究

2018年初，一项由国务院发展研究中心研究员苏杨牵头完成的"钱江源国家公园基于细化保护需求和生物多样性代偿原理的地役权制度实施方案研究"，为钱江源国家公园开启了地役权改革的大门。

苏杨走进"钱江源国家公园讲堂"并作专题报告

---

[1] 吴卫星，于乐平. 美国环境保护地役权制度探析 [J]. 河海大学学报（哲学社会科学版），2015，（3）：84-92.

[2] Peter M. Morrisette. Conservation Easements and the Public Good: Preserving the Environment on Private Lands [J]. Natural Resources Journal，2001，41（2）：373-426.

[3] 天恒可持续发展研究所，保尔森基金会，环球国家公园协会. 国家公园体制的国际经验及借鉴 [M]. 北京：科学出版社，2018：42.

[4] 高燕，邓毅. 土地产权束概念下国家公园土地权属约束的破解之道 [J]. 环境保护，2019（Z1）：48-54.

林地地役权改革：瓜熟蒂落，水到渠成

横中村在当地小有名气。每年秋天，这里便是"停车坐爱枫林晚"，山顶、谷中、路旁，火红的枫叶犹如一团团火焰，让这个山谷风情万种。

都说中国南方的村庄是属于老人的，横中村也不例外。地里干活的，院子里喂鸡的，马路边乘凉聊天的，大多是老人家。

村支书程应生介绍，横中村有 399 户 1230 人，六成在外务工，留在村里的大多是 55 岁以上的中老年人。全村被承包林地约有 1867 公顷，其中，约 1529 公顷林地被划入国家公园范围内。2018 年年中，村委会与钱江源国家公园管理委员会（现为钱江源国家公园管理局）签订协议，已经全部完成了集体林地地役权改革。

当问及群众是否支持地役权改革时，程应生第一反应就是："当然支持了，毕竟补偿金比国家公园周边生态公益林高出 20% 以上，更重要的是看好国家公园未来的带动和辐射效应。"

横中村地处古田山国家级自然保护区。2007 年，保护区管理局便开始了租赁被村民承包林地的尝试。当时横中村分了 12 个村民承包组，林地使用权下放到承包组里。为了集中保护，承包组把林地租赁给保护区，虽然林地使用权依然在承包组手里，但地表动植物的管护由保护区负责，同时禁止采伐经营活动，租赁金从最早的每亩每年 33.2 元逐步提高到如今的 48.2 元。

秦天宝认为，地役权改革通过放弃原有的租赁模式，旨在变单一主体为利益共同体，在限制农民一定土地使用权的前提下，对相应的损失给予补偿，使农民依旧享有一定自主权，从而充分调动其积极性。

天津大学法学院院长孙佑海（左三）一行调研地役权改革情况

据程应生介绍，2019 年横中村总共收到 92 万元补偿金。村里提留 35%，其余 65% 发给村民，399 户每户都参与了林地承包，因此每户都能拿到生态补偿金。当然，每个农户当年承包林地的面积不同，根据比例，拿到补偿金的数额也不一样，多的 1000 多元，少的 100 多元。而提留的 35%，大部分用于村里的一些公益事业，比如，基础设施建设和提升等。程应生向笔者展示了《钱江源国家公园集体林地地役权设定合同》：甲方为横中村，乙方为钱江源国家公园管理委员会，设定年限与开化县山林承包年限相一致，即到2054年12月31日止。根据这份合同，供役地方横中村村民除了领取生态补偿金外，还能享受到免费在钱江源国家公园允许范围内参观游览的待遇；在同等条件下，原住民有特许经营优先权，当地产品符合条件并经许可，可使用钱江源国家公园品牌标识等优惠条件。需要遵守的义务则包括严格遵守钱江源国家公园分区管理办法、森林消防管理办法及其他

各项国家公园管理规定；协助国家公园管理人员或科研人员开展调查和日常管理；对破坏自然资源的行为进行监督，并及时向当地保护机构报告；完善村规民约，加强宣传教育，提高原住民和访客的生态保护意识（图1.2）。

钱江源国家公园管理委员会除了按时支付补偿金外，还要开展就业技能培训，

生态巡护员培训

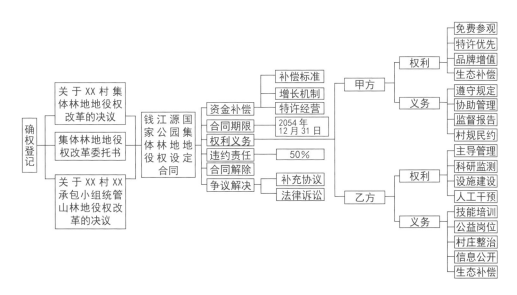

图 1.2 集体林地地役权改革流程和合同设定示意图

促进原住民就业，引导原住民发展生态经济；提供适当的巡护、管理等生态管护公益岗位；协助、支持做好社区环境整治提升等工作（图1.2）。

95 位村民经过公开遴选当上了生态巡护员，他们每人每年有 12000 元左右的收入，横中村的余生祥就是其中之一。58 岁的他本来在村里养蜂谋生，如今干起巡护员，他可真的是把国家公园的一草一木当成自家的宝贝。就在笔者来采访的前几天，他发现另外一个乡镇有人私自跑到横中村的山上采摘包粽子用的粽叶。车停路边，人已进山，余生祥在上报当地执法所的同时，还写了一张"这里是国家公园范围内，禁止上山采摘"的字条，留在车上。

从 2018 年 3 月到 6 月 30 日，短短 3 个月时间内，钱江源国家公园管理委员会会同开化县政府，共同完成了国家公园范围内所有集体林地地役权的改革工作，包括制定方案、核查林地确权、召开村民代表大会、召开户主代表会、签订合同等一系列动作，并对相关合同、委托书、决议、地形图、清册、地役权补偿金使用管理办法等资料一式 5 份进行立卷归档。

2020 年 9 月 10 日，钱江源国家公园管理局从开化县自然资源和规划局领到了2753 本"地役权证"，至此，钱江源国家公园集体林地地役权改革从地役权主体

双方签订设定合同，到完成地役权登记，形成了完整闭环。

随后，为了有效调动乡（镇）、村级组织在自然资源管理中的重要作用，钱江源国家公园管理局还于 2020 年 9 月制定出台了相关考核激励办法，明确了具体的考核激励评分细则，诸如"违规野外用火每发生一次扣 5 分""非法采挖野生植物每发生一次扣 5 分"等等，进一步细化了保护需求。

不仅如此，钱江源国家公园管理局还陆续制定出台了《野生动物保护举报救助奖励暂行办法》《野生动物肇事公众责任保险》等一系列配套改革政策，基于细化保护需求的地役权补偿体系日益完善，这些将在后文加以表述。

通过地役权改革，国家公园范围内的集体林地统一交由钱江源国家公园管理局监管，利于自然生态系统的严格保护、整体保护；而农民则享受到地役权改革带来的红利。短期利益自然是每年能够拿到的各种生态补偿金，此外，优先获得的特许经营权在不远的将来或许能带来更大的经济效益。当农产品与国家公园产品品牌增值体系结合起来，能成为产品增值的卖点。带着钱江源国家公园品牌标识的有机茶、山茶油、土蜂蜜、清水鱼等优质农产品在市场热销，是何等广阔的前景？

农田地役权改革：牛刀小试，渐入佳境

对于一个生态系统来说，山水林田湖草属于生命共同体。钱江源国家公园范围内共有基本农田 1374.7 公顷，其中，核心保护区 152.1 公顷，一般控制区 1222.6 公顷，以种植经济作物、蔬菜和水稻为主，水稻以单季稻为主。

农田作为生态系统的重要组成部分，同样必须实行最严格的保护。2020 年 3 月，钱江源国家公园管理局在总结

▲政策链接

钱江源国家公园管理局按照 200 元／亩的标准，给予农田地役权改革补偿金。更重要的是，管理局还与开化县"两山"集团签订了特许经营合同，约定以不低于 5.5 元／斤的价格收购这些农田生产的稻谷，以不低于 10 元／斤的价格销售大米，管理局给予"两山"集团 2 元／斤的市场营销补贴，同时，特许使用国家公园相关品牌，以期提高产品附加值。

市场上的生态大米

林地地役权改革经验的基础上，启动了农田地役权改革的试点工作。

根据合同，用于试点的农田在接下来这一年里，将被禁止使用农药、化肥、除草剂，不得使用未经发酵处理的粪便作肥料；禁止焚烧秸秆和野外用火；不得捕捉进入耕地的野生动物；禁止引入外来入侵物种；不得长期积存垃圾和废弃包装物；不违建大棚等污染环境和影响景观的生产设施……（表 1.1）。

显然，这一系列"不"字，都围绕一个主题，平衡生态保护和利用的关系，践行"经济发展不能以破坏生态为代价，生态本身就是经济，保护生态就是发展生产力"的重要论断。

位于钱江源国家公园范围内的苏庄镇毛坦村首期拿出 50 亩属于村集体的农田用于试点。村党支部书记丁大辉告诉我们，种生态大米可不是件简单事。

首先，他们使用的稻种是"甬优 15"。这种水稻抗病力强，亩产量高，"是我们浙江培养出来的稻种，适合这里的水土"。

根据规定，起苗的时候，可以打一次生物类抗病虫害药物——井冈霉素，之后就不能再用任何形式的药物，这样完全避免了有毒物质污染土壤。

表 1.1 农村承包土地地役权改革权利义务清单

甲方（供役地人）		乙方（钱江源国家公园管理局）	
权利	义务	权利	义务
1. 土地所有权； 2. 合理补偿权； 3. 保留传统农耕文化； 4. 适度发展耕地景观、生态旅游、生态农业和环境教育； 5. 承包经营权流转； 6. 特许经营优先权	1. 不得改变土地使用性质； 2. 不得使用化肥、农药、除草剂，不得使用未经发酵处理的粪便作肥料； 3. 禁止焚烧秸秆和野外用火； 4. 不得捕捉进入耕地的野生动物； 5. 保持田园整洁，做到无农业投入品废弃包装物和长期积存垃圾； 6. 不擅自引入、投放、种植外来入侵物种； 7. 不违建大棚、栏舍等污染环境、破坏资源或者景观的生产设施； 8. 提倡休耕蓄水	1. 监督管理； 2. 科研监测； 3. 对土地流转、外来资本投资实施特许经营； 4. 对访客容量进行限制	1. 给予生态补偿； 2. 实施生态修复； 3. 改善农业生产设施； 4. 组织开展职业技能培训； 5. 推进品牌增值体系建设，提高产品附加值； 6. 协调落实农业政策性保险； 7. 制定特许经营计划，引导和鼓励相关产业发展

施肥则以菜籽饼为主，也就是农家种植的油菜籽榨完油后剩下的渣滓，经发酵后做成的。这就是有机肥。

"我测算过，这样种田的成本达到将近 2500 元一亩，而亩产要下降 4 成左右，原本 1000 多斤[①]，现在最多 600~700 斤。但考虑到国家公园给我们的最低收购价是每斤 5.5 元，而原来的稻谷收购价只有每斤 1.3 元，价格相差了近 5 倍。所以，如果亩产能够保证的话，加上补贴，收益还是不错的。"丁大辉说。

这里有一个大前提：亩产不能太少。

坦率地说，农民对这样的生产方式变革，抱有一定的疑虑。所以，何田乡的田畈村也只是从农户手中流转了 72 亩农田用于试点。

田畈村党支部书记邹善庆说："试点农田原本就地处偏远，交通不便，平时灌溉养护成本高，需要花费的人力物力远远超过其他农田，抛荒现象也比较严重。这次正好乘着地役权改革的机会，把这片农田流转过来试试效果。村里将组织生产队，还可以解决村里贫困户的就业问题，给他们增加一些收入。如果今年的效果好，想必能调动起农民的积极性，明年我们可以扩大面积，也可以鼓励农户一起签约。"

2020 年是钱江源国家公园农田地役权改革试点的第一年，步子迈得不算太大：4 个乡镇共计试点面积 289 亩。为了确保效果，钱江源国家公园管理局在土地施种的前期、中期、后期都将进行土壤检测，将 3 个数据进行对比；种出来的稻谷还要做化肥农药残留检测。

我们都知道，过量使用化肥和农药，危害极大。首先，对土壤结构造成严重破坏，伤害土壤微生物生态链，使土壤失去活性而成为"死土"。

其次，增加了重金属和农残、抗生素的析出风险。以镉为例，生产磷肥的原料磷矿石含镉 5~100 毫克/千克，大部分或全部进入肥料中，通过肥料→土壤→农作物→动物或经过食物链，最终被人体摄取而产生危害。

再次，会形成农业面源污染，造成河流、湖泊水体呈富营养化，藻类滋生，出现部分河流、湖泊的鱼虾死亡的现象。

随着化肥用量的不断增加，增产效应却开始下降，有些常年大量使用化肥的农民戏说"地越来越馋"。国际上制定了 225 千克/公顷的化肥施用量警戒线，可是据 2010 年的统计，国内化肥施用量在 225 千克/公顷警戒线以下的仅有黑龙江、贵州、青海、西藏和甘肃，其余省份全部超量，部分省份甚至超过了 500 千克/公顷。

---

① 1 斤 =500 克。以下同。

钱江源国家公园管理局投入如此多的人力和物力进行农田地役权改革，就是为了改变农民的耕种习惯，引导养成绿色环保的农业生产方式。这样做的好处是，保留了有益的人地关系，且有望通过国家公园产品品牌增值体系，在人与自然之间构建新的利益关系，使保护成果首先惠及社区，从而使原住民成为参与保护的重要力量，使国家公园与社区形成更大的利益共同体，最终形成"山水林田湖草人"多方共治的命运共同体，进而实现人与自然和谐共生。

2020 年 11 月，笔者在从何田乡去往龙坑村的丁字路口附近，再次路过田畈村。

霜降已过，正值深秋，稻谷已收割完毕。收割后的稻田里没留下谷桩，只见一苑苑的稻茬整齐地排在那里，平铺至山脚下。青山依依，溪水悠悠，祥和而平静。可惜没能目睹一片风吹稻浪的金秋景象。

再次见到邹善庆，他浑身喜气："首季收割稻谷的每亩产量 750 斤，并以每斤 5.5 元卖给开化县'两山'集团。"由此测算：每亩土地流转成本 500 元，除了每亩 200 元的政策扶持，差额 300 元算流转成本，收成减去耕作和培育人工劳务等费用，收益颇为可观。这时，邹善庆也报来数据，他说："每亩净收入在 1200 元左右。"

我又急切地问："那这笔收入，村里一般会用于什么？""这是村集体收入，我们主要用于村庄基础设施建设、生态环境保护以及社会公益事业。" 邹善庆还说，原先观望的农户准备明年也要加入水稻种植，他们有些自己种植水稻的收益每亩 500 元还达不到。

看来绿色发展之路不仅仅是双赢，按照邹善庆的话说，土地恢复了种植，村庄里没有荒芜之地，村集体又增加了收入。这说明，钱江源国家公园在体制试点中注重调动社区参与国家公园建设的积极性和主动性，有效解决了群众利益和生态保护之间的矛盾。

试点土地的生产主体和经营主体在种植和经营稻谷以及大米过程中，所获得的改革红利不仅仅是单位销售额的增加，还是自然资源的科学保护和合理利用，更是产业结构的升级和技术更新。

未来，通过政策引导和市场培育，钱江源国家公园管理局将着力打造系列生态农产品品牌，提升市场竞争力。政府在这个过程中将逐渐退出，更多地将注意力放在质量监管、品质管控、品牌打造上。而具体的定价、销售都将由市场决定。钱江源国家公园农田地役权改革初见成效的同时，正朝着更加科学、可持续的方向发展。

2020 年 12 月，《钱江源国家公园地役权改革的探索与实践》分别在国家公园与自然遗产国际研讨会（左图）和第 22 届中国生物圈保护区网络成员大会（右图）上作为案例分享

▲重大荣誉

2021 年 9 月 27 日，从在昆明召开的联合国《生物多样性公约》缔约方大会第 15 次会议非政府组织平行论坛传来喜讯，"钱江源国家公园集体土地地役权改革的探索实践"从全球 26 个国家的 258 个申报案例中脱颖而出，成为 19 个"生物多样性 100+ 全球特别推荐案例"之一，钱江源国家公园再次走上世界的舞台。

三省四地携手
共建生态保护"朋友圈"

朱寅

《建立国家公园体制总体方案》强调：周边社区建设要与国家公园整体保护目标相协调，鼓励通过签订合作保护协议等方式，共同保护国家公园周边自然资源。钱江源国家公园管理局为此做出了积极探索。

一条小河的变迁

"如果是十多年前，碰上这样的水灾年，我们村里的小溪肯定全是垃圾了，都是从上游江西冲下来的！"2020年7月，浙江开化县长虹乡霞川村党支部书记余永学看着如今虽然水位上涨但依然清澈见底的小溪，感慨万千。

自由流淌的河流

鱼儿在水中嬉戏

霞川村在浙江和江西的省界上，是有名的"浙赣村"，一条小小的河滩溪隔开了两省，上游是江西婺源县江湾镇的东头村河滩自然村（以下简称东头村），下游是浙江开化县长虹乡的霞川村河滩自然村（以下简称霞川村），3千米长的河道属两省共有。

在两省交界线上立着一块3米多高的石牌坊，上面刻着：锦绣山河世居两省人，祖国昌盛传千秋万代。省界线附近，江西河滩村和浙江河滩村两村的房子互相交错，田地互相插花，村民同说一种方言，喝着同一条溪里的水，用着同一个塔发出的手机信号。想要分辨省籍，需仔细看房门口挂着的小牌子才行。有一幢房子更是让人称奇，房子一半在江西境内，一半在浙江境内，有人笑称："白天在江西吃饭，晚上在浙江睡觉。"

"最近我们村里拆了5栋房子，建筑垃圾一点不下河，村里花钱找专业公司运走填埋了。"江西东头村党支部书记曹进良说。10年前垃圾满河、不见鱼虾的河滩溪，如今已是干净整洁，鱼儿成群。

两个村庄的共识

早在钱江源国家公园体制试点获批之前，两村就在保护河道卫生、禁渔禁猎、森林防火等方面达成共识，初步建立起了护林联防机制。

随着钱江源国家公园体制试点的深入推进，2017年年初，这两个省界村庄又做了件载入史册的大事——签订《生态保护与可持续发展合作协议》，建立起更加良性的合作机制，推进了周边自然资源的整体性保护。双方约定：每年至少召开2次联席会议，协调解决合作中遇到的问题；以权属不变、属地管理为前提，在钱江源国家公园体制试点区毗连区域，实行更严格的保护，加强森林防火、防疫、防盗猎以及科研监测等方面的合作，而钱江源国家公园管理局给予管理技术和资金支持。

东头村与霞川村在生态保护上的合作，可谓是顺其自然，水到渠成。

东头村总共1200多公顷山林，是钱江源国家公园重要的生物廊道和野生动物栖息地，部分流域属钱塘江水系。根据协议，这部分山林要配备专职生态巡护员。

东头村55岁的江清明和58岁的肖细汉成了这两个幸运儿。"早些年，他们其中一个是村里的猎人。禁止抓捕野生动物后，他的老本行不能干了，只能在村里种种地，打点零工，缺少了很大一块收入。把他安排成巡护员，一来是弥补一些他收入的缺口，二来利用他熟悉这片山林的优势，能更好地保护好这里的资源。"曹进良说。

东头村这两位巡护员的误工补贴由钱江源国家公园管理局支付，每人每年12000元，与霞川村的巡护员享受同样的待遇。

2019年，钱江源国家公园又迈出了跨区域合作保护的重要一步——设立跨省联合保护站。5月，霞川村主动提供村里的一所闲置学校，由钱江源国家公园管理局出资进行改造，12月，整修一新的"钱江源国家公园跨省联合保护站"挂牌成立，霞川村的4名巡护员和东头村2名巡护员在这里一起休息、办公、开会，共同巡山护林。至此，双方的联合保护行动，真正做到了同声共气，亲如一家。

与霞川村家家户户都有副业不同，东头村的年轻人大多外出务工，留下的老幼的主要收入来源就是种地。曹进良说："我们真盼着钱江源国家公园能越建越好，这样我们村不仅有可能拿到生态补偿，也许还能借着国家公园的品牌，把乡村振兴工作搞上去。"

"虽然目前我们没纳入国家公园，也没拿到生态补偿金，但我们还是自觉配合国家公园建设，把禁伐这块工作做起来。老百姓并没有太多怨言，唯一的问题是保护工作做得好，野生动物越来越多，反而会祸害田里的农作物。"

鉴于农田是东头村老百姓最重要的收入来源，为了保护群众利益不受损害，2020年3月，钱江源国家公园管理局将东头村一并纳入开化县野生动物肇事公众责任保险体系，今后如果再有野生动物破坏农作物，赔付标准和开化一样。

三省四地的携手

不仅只有东头村，因钱江源国家公园地处浙、皖、赣三省交界，与其毗连的还有江西省婺源县江湾镇的大潋村、钟吕村、晓容村、低源村，德兴市新岗山镇的叶村村，安徽省休宁县龙田乡的桃林村，休宁县岭南乡的岭南省级自然保护区，以及浙江省开化县境内的苏庄镇高坑村、富户村、茗富村、

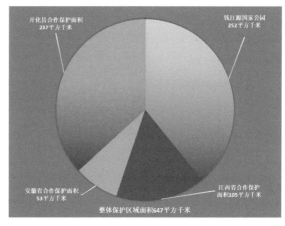

钱江源国家公园整体保护区域面积示意图

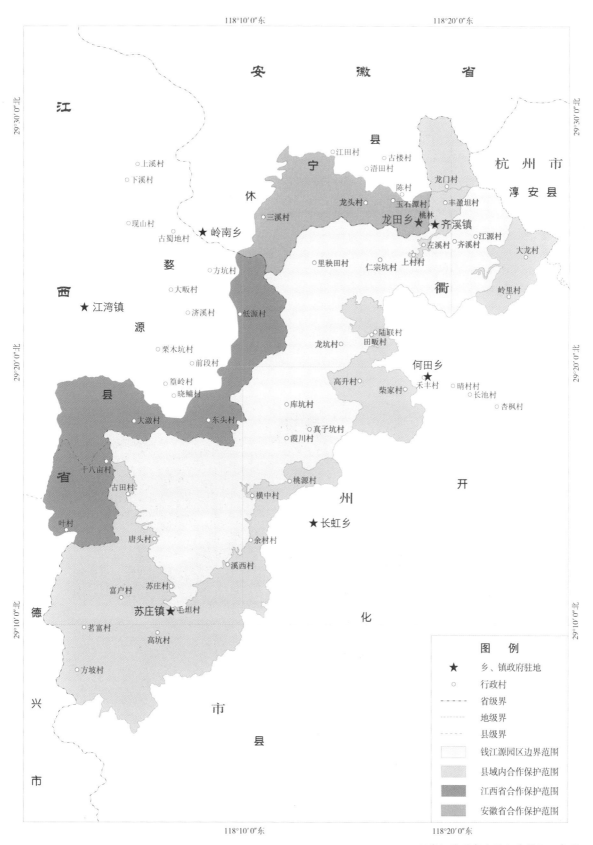

安 徽 省

江
西 宁
休 县
婺
源 县
省

德
兴
市

杭 州 市
淳安县

衢

州

开

化

县

市

29°30′0″北
29°20′0″北
29°10′0″北

上溪村
下溪村
现山村
古蜀地村
★岭南乡
方坑村
大畈村
济溪村
★江湾镇
栗木坑村
前段村
篁岭村
晓鳙村
大洑村
十八亩村
古田村
叶村
唐头村
富户村
苏庄村
★苏庄镇 ★毛坦村
茗富村
高坑村
方坡村

江田村
古楼村
浯田村
陈村
三溪村
龙头村
玉石潭村
龙田乡★桃林★齐溪镇
龙门村
丰盈坦村
左溪村 齐溪村
江源村
大龙村
岭里村
里秧田村
仁宗坑村
上村村
低源村
龙坑村
陆联村
田畈村
何田乡
高升村
柴家村
禾丰村
晴村村
长池村
杏枫村
库坑村
东头村
真子坑村
霞川村
桃源村
横中村
长虹乡★
余村村
溪西村

图 例

★ 乡、镇政府驻地
○ 行政村
- - - 省级界
- - - 地级界
- - - 县级界
　 钱江源园区边界范围
　 县域内合作保护范围
　 江西省合作保护范围
　 安徽省合作保护范围

环钱江源国家公园合作保护示意图

方波村，齐溪镇的龙门村、大龙村、丰盈坦村，何田乡的高升村、柴家村，共涉及 3 省 4 县（市）7 乡（镇）16 村（保护区）。

自 2017 年起，钱江源国家公园管理局便开始探索跨区域合作模式，共同开展生物多样性调查，商定合作保护区域。截至 2017 年年底，钱江源国家公园涉及的 4 个乡（镇）和国有林场已经和毗连的江西、安徽 3 乡（镇）7 村及安徽休宁岭南省级自然保护区全部签订《生态保护与可持续发展合作协议》，并在江西、安徽 155 平方千米区域内安装了 219 台红外相机，实现网格化监测全覆盖。

▲专题研究

2018 年 8 月，一项由开化县人民政府、钱江源国家公园管理局委托上海师范大学教授高峻牵头开展的"钱江源国家公园体制试点区跨界协同管理研究"结题，为钱江源国家公园管理局提供了重要的国际经验和理论支撑，一场"自下而上、由浅入深"的跨省合作保护行动不断向纵深推进。

《钱江源国家公园体制试点区跨界协同管理研究》课题研讨会暨专家评审会现场

　　齐溪镇和安徽休宁龙田乡设立了平安边际综治联席会议制度，还建起了微信群以方便信息传递，在生态保护、社会治理方面取得了明显的合作效果。后来，联席会议扩展到治水领域，镇干部手机上不仅安装了"平安浙江""河长制"APP，还建立了"浙皖治水""平安边际"等微信群。同时，以保洁员、网格员、河长等人员组成的护水网络，发现问题可以及时通过各种终端实现信息共享，不断铺设的实时监控也与人工巡逻互为补充，逐步构成了两地间无盲区的治水网。

　　2017年年底，江西德兴、婺源，安徽休宁和浙江开化四地政法系统共同签署《三省四县（市）首届司法护航钱江源国家公园绿色发展行动合作论坛共同宣言》，四地达成了绿色发展共同谋划、情报信息共同分享、边界纠纷共同化解、生态案件共同协办、整治修复联合行动五项护航钱江源国家公园合作机制，进一步筑牢环钱江源国家公园生态保护的司法屏障。

　　2020年8月，钱江源国家公园管理局和江西婺源江湾镇及所辖5个行政村共同签署《环钱江源国家公园合作保护协议》（以下简称《协议》），同步施行《环钱江源国家公园跨省合作保护考核激励办法》（以下简称《办法》），环钱江源国家公园合作保护工作正式步入可持续发展轨道，并将逐步向江西省德兴市新岗山镇、安徽省休宁县龙田乡、岭南乡及所辖毗连行政村（保护区）延伸。《协议》本着共建共享原则，以权属不变、属地管理为前提，共同推进环钱江源国家公园区域生态系统保护与管理，并根据《办法》规定，视考核结果给予乡（镇）、村（保护区）一定的资金激励。

　　除了跨省合作的"大朋友圈"，钱江源国家公园涉及的4个乡（镇）及周边村也有自己的"小朋友圈"，也有一份同样的《协议》和《办法》。

贰

生态创优

"清源"一号行动:
还自然以本来面目

樊多多

> "加强自然生态系统原真性、完整性保护,做好自然资源本底情况调查和生态系统监测,统筹制定各类资源的保护管理目标,着力维持生态服务功能,提高生态产品供给能力。生态系统修复坚持以自然恢复为主,生物措施和其他措施相结合。严格规划建设管控,除不损害生态系统的原住民生产生活设施改造和自然观光、科研、教育、旅游外,禁止其他开发建设活动。国家公园区域内不符合保护和规划要求的各类设施、工矿企业等逐步搬离,建立已设矿业权逐步退出机制。"
>
> —— 《建立国家公园体制总体方案》
>
> "依法清理整治探矿采矿、水电开发、工业建设等项目,通过分类处置方式有序退出;根据历史沿革与保护需要,依法依规对自然保护地内的耕地实施退田还林还草还湖还湿。"
>
> —— 《关于建立以国家公园为主体的自然保护地体系的指导意见》

2020年1月15日,平坑水电站的业主叶华茂怀着复杂的心绪,按下了机组的停机按钮,轰鸣了21年的电站厂房瞬间安静下来。

拉闸断开高压线路,跟电网解列,贴上封条……一系列程序过后,这座凝结着叶华茂父亲半生心血的水电站正式关停。

平坑水电站是钱江源国家公园范围内第一家启动退出程序的民营小水电站,也是钱江源国家公园"清源"一号行动的重大成果之一。

根据《建立国家公园体制总体方案》(以下简称《总体方案》)和《关于建立以国家公园为主体的自然保护地体系的指导意见》(以下简称《指导意见》)的要求,国家公园将实行最严格保护,明确产业准入负面清单,严格审慎规划和新建社区生

活设施，经济发展活动、访客活动、特许经营活动、生态系统修复活动、对人文和自然生态系统敏感的活动都要密切监控。

为此，2018年3月，开化县人民政府、钱江源国家公园管理局联合印发了《钱江源国家公园"清源"一号行动实施方案》。

该行动旨在彻底整治钱江源国家公园体制试点区范围内破坏自然资源的行为，增强全社会参与自然资源保护的意识和自觉，推进试点区内自然生态系统的原真性、完整性保护。

分类处置小水电

小水电，特指装机容量5万千瓦以下的水电站，散落在全国各流域的小河谷中。小水电投资小、周期短、见效快，在国家电力缺口巨大的时代，为解决无电、缺电地区人口用电，农村经济社会发展和农民脱贫致富做出过历史性贡献。

时过境迁，今天大家关注的焦点在于小水电站对于生态环境的影响。

建设一座小水电站，除了厂房之外，需要在河流有落差的地方建立水坝，蓄水、放水，利用水位差产生的强大水流进行发电。而建立一个小水坝，首先需要"清库"，就是把水坝蓄水库里的植物砍伐、清除。短时间来看，这阻隔了一条河流的正常流动；长时间来看，在一条河流密集建设小水电站，流域整体生态链乃至周边的生态环境都会受到巨大破坏。

北京大学环境学院 E20 联合研究院院长傅涛说："河流是一条生命共同体，水体、生活的鱼类、人类都是密切相关的，如果把整条河流切成若干段落，水生物的洄游路径会被阻拦。另外河流还有很多生态特性，都会受到影响。"

结合实际情况，钱江源国家公园管理局和开化县人民政府联合印发了《钱江源国家公园范围内水电站整治工作实施方案》（以下简称《实施方案》），明确钱江源国家公园范围内的 9 座水电站对自然生态环境有影响，要求退出或整改（表 2.1）。

水电站的整治，其复杂性在于历史遗留问题，这些水电站很多是属于"合法"经营的，证照齐全，或租赁期未满。按照"共性问题统一尺度，个性问题一站一策"的原则，《实施方案》明确：退出类电站要拆除发电厂发电的主要或辅助设备，保留居民的供水设施；整治类电站要设定好生态流量排放标准，继续发挥水库防洪、灌溉和径流调节的作用，最大程度减少水电站建设对自然生态的干扰和破坏，同时避免水电站关停退出对生态环境造成的二次破坏。与此同时，根据每个电站的实际情况，一对一做好补偿方案，保护企业主的合法权益。

表 2.1 钱江源国家公园小水电整治情况汇总表

名称	性质	利用形式	建成时间	库容（万立方米）	装机容量（千瓦）	整治方式
平坑电站	民营	混合	1998 年	2	400	退出
齐溪电站	国有	混合	1987 年	4517	14500	退出
东山电站	民营	混合	2007 年	4	480	退出
县林场电站	国有	混合	1979 年	29	180	退出
茅山电站	民营	引水式	1970 年		125	退出
新朋电站	民营	混合	2004 年	72	400	流量管控
大石龙电站	集体	引水式	1978 年		320	流量管控
库坑电站	民营	混合	2007 年	26	400	流量管控
碧家河一级电站	混合	混合	2004 年	756	1260	流量管控

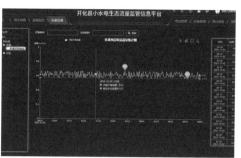

茅山电站退出后，河水从此不再断流　　　　　　　生态流量实时监控

平坑电站是这次退出的 4 座电站之一。该电站位于苏庄溪上游的苏庄镇古田村。电站开发形式为混合式，主要由拦河坝、输水系统、发电厂房、升压站及管理用房等组成。总库容 2 万立方米，设计水头 50 米，装机容量 400 千瓦，于 1997 年建造，1998 年 11 月投产发电，属于民营制企业。

平坑电站的业主名叫叶华茂，开化池淮人，80 后，平时在云南做农产品外贸生意，在开化的时间不多。说到自家电站，叶华茂感慨很多，毕竟是自己父亲留下的产业。电站初创时，叶华茂还小。那时国家为推进农村电气化，"提倡在水力资源较好的地方，以地方和群众自力更生为主，积极发展小水电"，给予中小水电一些必要的扶持政策。曾经是农业局技术员的叶父，看到民营中小水电的商机，便通过一些银行贷款，投入 200 多万元建设了平坑电站。电站的格局比较特殊，大坝和机房隔了一座山，因此要在山中开隧道，又因为电站所处的山体是花岗岩，要造隧道，做大坝，花费较多，成本比其他电站高。电站建成后每年发电量约 130 万～140 万度，年产值 60 万～70 万元，收入还不错。

平坑电站已经过 21 年的运营。叶华茂本来准备升级改造，在收到退出通知时很意外。从内心来讲，电站是父亲留下的基业，他想一直守护下去，但是着眼国家公园建设的大局，他便很爽快地同意退出。

由于叶华茂在开化的时间不太多，所以关于退出方案的商定约了好几次双方才有机会坐在一起。因为平坑水电是第一家开启退出谈判的民营小水电，在此之前没有对比参照，所以双方都找了几个评估公司做比较，最后选择了其中的最优方案，签订了退出协议。

目前电站已经停止发电，并对电站相关工作人员进行了妥善安置，电站营业执照、电力业务许可证已经自行注销，购售电合同、并网调度协议已经解除。

对于电站的后续处置，开化县水利局相关负责人表示，将拆除发电主辅设备，发电厂房、职工生活用房保留备用，封堵渠道水口和管道口。由于电站运行期最高水位距离公路路面仅有 0.6 米，为安全起见，将原大坝溢流堰加高部分（0.8 米）予以拆除；增设大坝左右端隔离网和安全警示牌，库区安装安全警示牌和视频监控设施（接入钱江源国家公园管理局、苏庄镇管理平台），并在上坝道路设置进口门。下一步，钱江源国家公园管理局将在综合监测和科学评估的基础上，最终决定大坝的去留。

"钱江源"品牌天然饮用水的重生

笔者曾多次来开化，每回口渴了购买的瓶装水必定是"钱江源"品牌的天然饮用水。最近得到消息，"钱江源"品牌天然饮用水的生产厂家——钱江源饮用水厂（以下简称"水厂"）也在"清源"一号行动中，正在启动关停、搬迁程序。

水厂位于开化县齐溪镇里秋田村，取水口处于钱江源国家公园的核心保护区，属于工业企业。

超市里的"钱江源"品牌饮用水

1999 年，开化县林场投资建立钱江源实业公司，并于 2003 年成立饮用水分公司，即为钱江源饮用水厂。成立之初，水厂由钱江源实业公司直接管理，后来因为生产发展的需要，通过租赁形式，由开化县小余摩托城进行经营，负责人余思洪，直至 2018 年。15 年来，水厂的运营良好。

关于水厂的退出，我们采访了开化县林场副场长方塘军。

"清源"一号行动发布伊始，开化县林场便立即着手商谈余思洪水厂退出事宜，但过程并不顺利。

林场与小余摩托城的租赁协议尚未到期，而且余思洪经营这个品牌长达 15 年，投入了不少心血，品牌知名度逐年提高，市场反馈良好，经营稳定，产值每年增长。

除了市场销售，"钱江源"天然饮用水还是每年桐乡乌镇举办世界互联网大会的嘉宾接待用水和工作用水。所以，谈到水厂退出，余思洪十分难舍。

"钱江源国家公园的建设，是全县、全省的大事"，余思洪表示。通过多方渠道共同努力，4个月后双方终于达成了初步意向，并开始商讨补偿方案。

余思洪虽然觉得补偿金远远不及自己这些年的付出以及品牌价值等，但是着眼大局，他也要支持钱江源国家公园建设，舍小家为大家，便也欣然接受了。2020年3月，退出协议签订完毕，补偿金到位，目前已经顺利结束。

水厂所在的位置，将改建成钱江源国家公园展示馆。

对于这段商谈工作的体会，方塘军觉得"耐心、细致、有毅力"是成功的关键。

钱江源饮用水厂虽然从国家公园范围内退出了，但是就此抛弃多年打下的品牌基础，实在可惜。"开化有好山好水，我们水源地的水质做过检测，这里的水偏硅酸含量比较高，硒的含量也比较高，水的口感微甜，矿物质丰富。钱江源的水好，做好钱江源品牌水是大健康产业的发展需求。"开化县林场决定把这个品牌继续经营下去。新厂初步选址在马金工业园，取水口的选址会在国家公园范围外。

水湖·枫楼景区项目的抉择

齐溪镇的水湖景区和枫楼景区，一南一北，隔湖相望，均处于钱江源国家公园原生态保育区，又同属于钱江源省级风景名胜区范围内。特别是枫楼景区，早已是3A级景区，总面积225公顷，以岩崖奇石、溪潭瀑布、亚高山湿地为主要特色，森林植被以枫香、乌桕、红枫等阔叶林为主，体现枫红秋浓之意境，曾是开化的生态旅游胜地之一。

2014年4月，在钱江源国家公园体制试点区正式获批之前，湖北卓越集团看中钱江源生态资源，计划投资6亿元打造融生态旅游、高端度假、山地运动、文化体验、商务会议于一体的综合性景区，即"原味江南·钱江源"水湖·枫楼景区，总规划面积9.45平方千米，建设工期5年。

枫楼湿地

国家自然资源督察上海局韩海青（左一）一行督查钱江源国家公园体制试点工作

　　旅游业是开化的支柱产业。水湖·枫楼景区的建成，将极大丰富开化的旅游业态，很有可能为开化再增加一个 4A 甚至是 5A 景区。因此，在立项之初，该项目就备受关注，成为开化招商引资的一个亮点。

　　2016 年 3 月，水湖·枫楼景区项目正式开工建设。

　　2016 年 6 月，《钱江源国家公园体制试点区试点实施方案》获国家发改委批复施行。2017 年 9 月，中共中央办公厅、国务院办公厅印发的《建立国家公园体制总体方案》中明确指出"严格规划建设管控，除不损害生态系统的原住民生活生产设施改造和自然观光、科研、教育、旅游外，禁止其他开发建设活动"。水湖·枫楼景区项目的建设陷入了不合时宜的境地。

　　2018 年 8 月，自然资源部、国家林业和草原局（国家公园管理局）在对钱江源国家公园体制试点工作进行专项督查时指出"齐溪镇钱江源水湖·枫楼景区建设项目位于生态保育区，不符合生态保育区'实现严格保护，促进自然生态系统的恢复与更新，禁止开展经营性活动'的要求"。

在保护生态和开发建设面前，浙江省各级党委政府和相关部门当机立断，将钱江源国家公园的保护和长远发展放在第一位，并着手研究水湖·枫楼景区的处置意见。

2018年9月，开化县林业局向湖北卓越集团开化钱江源旅游开发有限公司送达《关于要求暂停钱江源水湖·枫楼景区开发建设项目的告知函》，该公司按照要求停止了该项目建设活动及4A景区创建工作。其时，卓越集团已经基本完成水湖山庄酒店一期主体工程，枫楼景区部分基础设施业已建成，并通过4A景区的景观评估。

▲后记

　　项目停建后，开化县政府随即成立钱江源水湖·枫楼景区项目处置工作小组，由常务副县长任组长。目前，专项工作组经过多轮谈判和耐心细致的协商，已经于2021年3月签订水湖·枫楼景区项目整体收回协议和解约协议，后续的规划修编和功能调整工作已经提上议事日程。

　　"水湖·枫楼景区项目处置期间，正值国家公园管理体制改革试点、优化营商环境条例实施、司法领域有关行政协议司法解释颁行等关键时期，项目处置小组充分发挥专班工作制度优势，客观借鉴行政鉴定类项目的类案处置经验，形成了较好的依法治理、集体决策的实践样本。"钱江源国家公园管理局副局长方明表示。

"清源"二号行动：
让人与野生动物和谐共生

朱寅

　　钱江源国家公园所在区域是我国 17 个最具全球保护意义的生物多样性关键地区之一，分布有昆虫 2013 种、鸟类 264 种、兽类 44 种、两栖类动物 26 种、爬行类动物 38 种、鱼类 42 种，其中，国家一级重点保护野生动物 3 种，分别为黑麂、白颈长尾雉、中国穿山甲，国家二级重点保护野生动物 40 种。钱江源国家公园是国家一级重点保护野生动物黑麂和白颈长尾雉的全球集中分布区。

　　为了给这些野生动物营造一个良好的栖息环境，2019 年 7 月 3 日上午，钱江源国家公园"清源"二号暨打击非法偷盗猎野生动物专项行动正式启动。

钱江源国家公园"清源"二号暨打击非法偷盗猎野生动物专项行动启动仪式

史上最严保护令

"这次'清源'二号专项行动坚持依法打击与积极整治、广泛宣传与案例警示相结合，突出'盗猎、运输、收购、销售'四个环节，通过对可疑对象的盘查、饭店市场的检查、经营场所的搜查、动物栖息地的巡查等，严厉打击各类破坏自然资源，特别是涉及野生动物安全的违法犯罪活动，确保县域特别是钱江源国家公园范围内野生动物安全。"钱江源国家公园综合行政执法队执法科科长汪家军说。

一场声势浩大的宣传活动随即展开。县有关部门立即前往农贸市场、餐饮店、社区等场所发放《致国家公园园丁的一封信》《野生动物保护倡议书》《野生动物宣传手册》，签订并悬挂党员承诺书、经营店承诺书。钱江源国家公园管理局工作人员更是走村串户，与3000多名户主签订了《关爱野生动物，争当合格园丁》承诺书，并悬挂在自家墙上，接受公众监督。

2019年10月1日凌晨4点，一场以打击非法运输为重点的保护野生动物黎明执法行动正在展开，通过设卡对过往车辆进行严格检查，最终在一辆客运大巴上发现非法运输野生石蛙10只，公安机关随即进行取证、溯源，并对涉案人员进行严厉查处。这只是"清源"二号专项行动的一个场景。

县法院环境资源与旅游巡回法庭开展巡回审判

县法院环境与旅游巡回法庭注重发挥职能作用，积极配合"清源"二号专项行动的开展。他们采用巡回审判方式，坚持把小案件变成大讲堂，通过巡回审判的就地审理模式，扩大司法影响力，实现"审理一案、教育一片、守护一方"的良好效果；创新普法形式，通过开展8090新时代理论宣讲、举办环境资源审判公众开放日等形式，向群众、代表、委员宣传环境资源审判工作，增强群众生态环境保护意识。

在全县上下和各有关部门的通力合作下，"清源"二号专项行动取得显著成效。行动期间，全县共查处野生动物违法案件3件，其中，刑事案件1件，处罚金额10万余元，救护野生动物82起共262只。

2020年4月1日，在总结"清源"二号专项行动的基础上，根据有关法律法规，开化县正式发布县长令"全域禁猎陆生野生动物"。

根据县长令，从当日起至2024年12月31日，开化县行政区域范围禁止猎捕国家重点保护野生动物、省重点保护野生动物，以及其他有重要生态、科学、社会价值的野生动物，禁止破坏野生动物栖息地。违者依法给予行政处罚；构成犯罪的，依法追究刑事责任。

这是开化首次打破了以往"禁猎期""禁猎区"的时间、空间限制，在全县范围内实施全天候禁猎，堪称有史以来颁布的"最严格"保护令。

开化县人民政府
关于禁止猎捕陆生野生动物的通告

为进一步加大陆生野生动物保护力度，促进人与自然和谐共生，推进钱江源国家公园建设，根据《中华人民共和国野生动物保护法》《中华人民共和国野生动物保护实施条例》《浙江省陆生野生动物保护条例》等法律法规，结合开化县实际，现就全县禁止猎捕陆生野生动物（以下简称"野生动物"）通告如下：

一、禁猎区和禁猎期

禁猎区为开化县行政区域范围，禁猎期为2020年4月1日至2024年12月31日。

二、禁猎对象

禁止猎捕国家重点保护野生动物、省重点保护野生动物，以及其他有重要生态、科学、社会价值的野生动物。禁止破坏野生动物栖息地。

三、禁用猎捕工具和方法

禁止使用军用武器、猎枪、气枪、毒药、爆炸物（炸药）、电击或者电子诱捕装置、猎套（吊杠）、猎夹（铁夹）、地枪（地弓）、排铳（土枪、土铳）、弹弓及其他危害人畜安全的猎捕工具和装置猎捕；禁止使用夜间照明行猎、歼灭性围猎、捣毁巢穴（掏巢）、火攻、烟熏、网捕、挖洞、陷阱、捡蛋、鸟鸣音乐、设笼诱捕、钩钓、麻醉等方法进行猎捕。对行政区域内因科学研究、疫源疫病监测和种群调控等特殊情况，需要猎捕野生动物的，经相关部门审批后，按相关法律法规的规定执行。

四、法律责任

凡违反本《通告》规定，在禁猎区、禁猎期猎捕野生动物或破坏野生动物栖息地的，依法给予行政处罚；构成犯罪的，依法追究刑事责任。

五、举报电话

0570-6015623（开化县林业局）。希望社会各界和广大群众认真遵照执行，并积极监督举报。

开化县人民政府
2020年2月25日

野生穿山甲"做客"村民家

张杏湘是开化县北门小学的语文老师。2019 年 8 月的一天，她在位于华埠镇叶溪村的母亲家中意外发现了一只野生穿山甲，在侄女的帮助下，她立刻拨打了当地林业局和森林公安局的电话。"母亲家的泥土房建于 20 世纪 60 年代，当时穿山甲就半蜷缩在碗橱下面，浑身还有好多黄泥土。"张杏湘指着碗橱下方说。

张杏湘发现穿山甲　　　　　　　　　　　穿山甲回归大自然

穿山甲属国家一级重点保护野生动物，是世界上仅存的鳞甲类哺乳动物，十分珍贵。

别的县（市），也许救助一只国家二级以上重点保护野生动物是能上新闻的大事；然而在开化，这已经变成了平常事。

2019 年 12 月 5 日，为了进一步激励全社会保护野生动物的行为，钱江源国家公园管理局出台了《钱江源国家公园野生动物保护举报救助奖励暂行办法》（以下简称《办法》），决定对县域范围内救助保护野生动物的单位和个人给予奖励。

▲政策链接

拯救、保护国家一级重点保护野生动物的单位或个人，每起奖励 800 元；

拯救、保护国家二级重点保护野生动物的单位或个人，每起奖励 500 元；

拯救、保护省重点保护野生动物的单位或个人，每起奖励 300 元；

拯救、保护"三有"动物（有重要生态、科学、社会价值的陆生野生动物）的单位或个人，每起奖励 50 元；

对提供乱捕滥猎野生动物和非法收购、运输、加工、销售野生动物资源及制品线索的举报，给予 300~3000 元不等的奖励。

—— 《钱江源国家公园野生动物保护举报救助奖励暂行办法》

"以前群众不懂得野生动物的价值，更不懂得它在生态系统中的重要性。但《办法》实施后，经过各方宣传，现在群众主动救助野生动物越来越多。" 开化县野生动植物保护协会会长叶发门表示。

仅 2020 年一年，全县共救助野生动物 261 只，发放救助奖励金共计 44650 元，其中，国家一级重点保护野生动物白颈长尾雉 3 只，国家二级重点保护野生动物 62 只，超九成野生动物经救助康复后被放归自然。

野生动物肇事，保险公司理赔

人类活动难免会侵占野生动物生存领地，而野生动物偶尔也会干扰到人类的生产生活。如何才能避免人和动物"互相伤害"呢？钱江源国家公园的经验就是"严格保护、利益平衡"，保护野生动物应当以不损害社区居民的合法权益为前提。

获得野生动物肇事公众责任险首笔理赔金

2020 年 4 月 2 日，开化县长虹乡星河村莘田家庭农场的农场主余安全非常沮丧，他家的茶园被野猪拱了，25 亩种了 3 年的茶树苗严重受损。

自从 2016 年钱江源国家公园体制试点工作启动以来，"生态保护第一"的理念已经深入人心，即便野生动物有危害农业的行为，老百姓也以保护为先。老余以为自己这次也得"打落牙齿和血吞"。

没想到，事情的转机来了。

就在野猪闯祸 3 天前，3 月 31 日，钱江源国家公园管理局出资 18 万元，联合中国人保财险开化支公司推出"野生动物肇事公众责任保险"，为开化全域和与其接壤的江西省婺源县江湾镇东头村投保，保单一年一签，只要是在保险区域内，野生动物闯祸导致的财产损失达到起赔标准或造成人身伤害的，由保险公司按合同约定负责赔偿。

余安全这次获赔 8100 元，从报案、定损、结案、到账，只用了 3 天时间。4 月 12 日，拿到赔偿款的他赶紧又订购了 1.2 万株茶树苗，把被毁坏的茶园修复了。

据叶发门介绍，仅 2019 年，协会就接到 10 多起野生动物肇事的报警求助，多

▲政策链接

"野生动物肇事公众责任保险"单次赔偿额度上限4万元，年度累计赔偿额度上限1000万元，每次事故赔偿限额300万元，每人赔偿限额30万元（其中，每次财产损失限额4万元，人员受伤医疗费限额4万元，住院津贴80元/人·天，每次最高以180天为限）。

为农作物被破坏，"现在开化老百姓保护野生动物的意识越来越强，虽然自家的田地被祸害，但他们不会采取干扰野生动物栖息的方式驱赶，更不会捕杀它们。但我们也希望老百姓的损失能够得到补偿，让这种和谐的人地关系得到可持续发展。'野生动物肇事公众责任保险'很好地解决了这个问题。"

截至2020年12月，"野生动物肇事公众责任保险"共结案263件，赔偿金额19.83万元。

"清源"三号行动：
守护野生植物基因多样性

王行云

【重庆采伐红豆杉被判刑的警示】

基本案情：2017 年 3 月初，被告人张某以 400 元的价格购买重庆市梁平区某园场内红豆杉 1 株，上山采挖后，雇请他人搬运并栽种在自己花园内。此后，张某在梁平区猎神村采挖另一株红豆杉时被发现。当日，公安机关将其抓获归案。经鉴定，案涉 2 株红豆杉均为国家一级重点保护野生植物。

裁决结果：重庆市万州区人民法院一审认为，张某违反《中华人民共和国野生植物保护条例》等规定，非法采挖 2 株野生红豆杉，构成非法采伐国家重点保护植物罪。以非法采伐国家保护植物罪判处张某有期徒刑 3 年 3 个月，并处罚金 2 万元。二审过程中，张某主动申请并积极履行生态修复协议约定的修缮抚育和补植复绿义务，主动缴纳罚金 2 万元。二审认为其认罪、悔罪态度较好，可以从轻处罚，以非法采伐国家重点保护植物罪改判张某有期徒刑 3 年，缓刑 3 年，并处罚金 2 万元。

以上是钱江源国家公园管理局编制的《野生植物保护宣传册》里有关野生植物保护的一个典型案例。宣传册以文字与图片相结合的形式，通过解读森林与人类的关系、森林对人类的作用和保护野生植物相关条例以及钱江源国家公园常见野生植物等内容，广泛宣传开展"清源"三号专项行动的意义，加强舆论引导，营造行动氛围。

吹响野生植物保护集结号

野生植物，是指原生地天然生长的植物。我国野生植物种类非常丰富，拥有高等植物达3万多种，居世界第三位，其中，特有植物种类繁多，有17000余种，如银杉、珙桐、百山祖冷杉等为我国特有的珍稀濒危野生植物。

那么，钱江源国家公园的大山里头，又有多少种野生植物呢？

钱江源国家公园地处亚热带中部，至今仍保存着大面积全球稀有的中亚热带低海拔典型的原生常绿阔叶林地带性植被，可谓是一扇亚热带常绿阔叶林的世界之窗。

根据目前的认知，钱江源国家公园内分布有苔藓植物392种、蕨类植物175种、种子植物1677种、大型菌物449种，其中有省级及省级以上野生珍稀濒危植物84种。

在《钱江源国家公园叶附生苔类植物的物种多样性》一文中这样描述：与和钱江源处于同纬度的我国其他地区相比，钱江源叶附生苔类植物的种数仅次于西藏墨脱，排名第二。鳞叶疣鳞苔和尖叶薄鳞苔是钱江源国家公园最常见的2种叶附生苔类植物。丰富的叶附生苔类植物表明，钱江源国家公园具有较适合叶附生苔类植物的生长环境，这无疑与该地区长期有效的保护密切相关。

这段描述里，我们完全可以忽略叶附生苔类植物到底是什么及它的习性，我们更需要关注的是最后那句"与该地区长期有效的保护密切相关"。

生态要保护，要像保护眼睛一样保护生态环境，像对待生命一样对待生态环境。钱江源国家公园管理局是这么说的，也是这么做的。

2020 年 6 月 12 日，钱江源国家公园管理局联合开化县人民政府印发《钱江源国家公园"清源"三号暨保护野生植物专项行动实施方案》，吹响了保护钱江源国家公园野生植物的集结号。

本次保护野生植物专项行动按照"堵住源头、封住通道、管住市场"的工作思路，把宣传教育与清理整治结合起来，以有奖问答、发放倡议书、悬挂横幅等为宣传手段，全面整治在钱江源国家公园范围内采挖、采摘、采伐、毁坏、收购、运输、加工、出售野生植物及其制品，采集运输活立木，随意引进外来物种，破坏植物生长环境等行为。

路边的野花，请您不要采

对社区居民房前屋后盆景进行追本溯源调查，是这次"清源"三号专项行动的一大亮点。调查重在掌握实情，直奔问题，能够破解国家公园内野生植物保护的难题。通过采用进村入户这种"走心"的行动方式，告诫社区居民国家公园内的一山一水、一草一木都是要受到人类保护的，路边的野花，请您也不要采！

钱江源国家公园涉及 4 个乡（镇）的行政村网格员、专兼职生态巡护员，通过走访摸排、填表登记和拍照建档 3 个流程，对居民房前屋后的盆景开展地毯式溯源调查，共计填写排查表 1715 份，涉及盆景数量 27936 盆。根据盆景溯源登记情况来看，涉及种植盆景的 1543 户家庭中，种植兰花、南天竹等品种的盆景数量最多、分布最广，且溯源结果显示，大都从周边山林内采挖移植至家中。

"这里是国家公园范围内，禁止上山采摘。"这是用碳水笔写在一张中共开化县苏庄镇委员会的信笺纸上的全部文字，落款是国家公园巡护员。

"写这张留条的巡护员是谁啊？"为了了解这张留条后面所发生的故事，笔者索要到这位巡护员的电话，对他进行了电话采访。他是钱江源国家公园的专职生态巡护员俞生祥。2020 年 6 月的一天，他在龙潭口村的一条山路尽头，发现停有一辆面包车，车里没人。凭借多年巡护经验，俞生祥估摸着有人上山采摘箬叶（人们用来包粽子的粽叶）。于是，他回家用信笺纸写了以上这些话，折返将纸贴在那辆面包车上。然后，他守候在他们下山的必经路口。果然，6 个外地人背着沉甸甸的箬叶下山了。俞生强当即拦住他们，讲清这里是国家公园核心保护区，箬叶是不能采摘的，若下次再来，将予以查处。

过了一个月，俞生祥发现这帮人又"组团"了，13 人进入龙潭口周边国家公园一般管控区内采摘箬叶，并且不听劝阻仍旧上山。俞生祥当即把情况上报苏庄执法所，执法所马上组织人员在山脚守候。临近傍晚，13 人陆续背着装有新鲜箬叶的蛇皮袋下山，其采摘数量明显超过家庭正常使用量。经问询，采摘箬叶是用来出售的，售价每斤 3 元钱，一天采摘量，每人每天可获利近 200 元。后经耐心宣传教育，他们认识到错误并主动接受处罚，还当场签下保证今后不再到国家公园范围内采摘野生植物的承诺书。

一花一草皆生命，一枝一叶总关情。

严防外来入侵植物

"清源"三号专项行动不仅要整治采挖、采摘和收购野生草药、花卉、野果、树苑等破坏野生植物自然资源以及乱砍滥伐林木的违法行为，还要整治外来入侵植物。

浙江的农村，特别是村口路旁和荒郊野外，旺盛地生长着一些熟悉的野生花花草草，但是你对这些植物又真正了解多少呢？比如，加拿大一枝黄花、一年蓬、小蓬草、紫茎泽兰、

外来入侵物种排查清理

乡土树种繁育

藿香蓟等，它们的花朵虽美丽，但它们却是破坏生态平衡的杀手。

因此，对钱江源国家公园外来入侵植物种类及分布做一个全面调查尤为重要。通过对这些外来入侵植物的调查，可以准确评估生态环境保护状况，推进自然资源的科学保护。钱江源国家公园科研监测中心工程师陈声文介绍说："我们以国家生态环境部发布的'中国外来入侵物种名单'（第一批、第二批、第三批和第四批）为

准，多次在古田山国家级自然保护区采用点及带结合的调查方法，调查外来入侵植物的种类及其分布。"

"像一年蓬、小蓬草、藿香蓟大多出现在路边、荒田、荒山等地，群落和散状分布均存在；圆叶牵牛花主要在路边荒地，呈散状分布；垂序商陆分布在村旁土堆沙堆及路边土质松软处，数量较少；凤眼莲主要由唐头村村民为养殖鳖而引进，面积约 1.5 亩。"陈声文还把外来物种调查报告和图片展示给笔者。

调查做得十分仔细，每张外来入侵植物图片上均标注学名、分类地位和分布点，比如，圆叶牵牛花主要分布在罗心畈、田畈、大坝湾林木场、西溪村的长坑头和唐头村的大坞及万兴农场，还精准标注着经纬度。

"这也反映了'清源'三号专项行动坚持调查研究与专项整治并重，使野生植物保护的管控工作起到明显成效。比如，我们齐溪执法所，在联合打击非法售卖野生植物行动中，共排查里秧田村土特产经营户 10 余户，农家乐 30 余家，对非法售卖野生兰花等行为起到了很好的警示教育。同时，也严查了外来入侵植物情况，及时清理齐溪天子坟水库周边及双港林区外来入侵植物 2 处。"钱江源国家公园综合行政执法队队长钱海源说。

开化山美，远山含黛；开化水清，碧波似镜。钱江源国家公园今天的模样，最初始于约 8 亿年前一次奇特的地壳运动，在漫长的地质发展史中，经过多次剧烈的地壳、海水、火山、岩浆等活动，终于形成如今的高峻峰峦和秀美草木，成就了一片全球稀有的绿色植被。但是，这一方丰富多彩的"植物王国"，更需要人类去尊重、去顺应、去保护，而"清源"三号专项行动无疑隐含着人与自然的浓浓亲情。

叄

科研争先

野外科学观测研究站晋升"国家级"

朱寅

2019 年 9 月 26 日，在联合国可持续发展峰会上，中国政府代表团团长王毅发布了《地球大数据支撑可持续发展目标报告》（以下简称《报告》），介绍了中科院研究团队利用地球大数据在中国开展案例研究的情况，其中陆地生物保护以钱江源为例。

《钱江源国家公园建设科技合作框架协议》签订仪式

▲科研监测

"我们以钱江源国家公园为例，建立针对保护地管理有效性的评估指标体系，以及相应的生物多样性、综合监测平台。""基于三个生物多样性监测平台，实现钱江源国家公园三类评估指标的监测，发现钱江源国家公园保存了大面积低海拔的地带性常绿阔叶林，以及大面积黑麂适宜栖息地，表明钱江源国家公园生态系统具有原真性和完整性"。

——《地球大数据支撑可持续发展目标报告》

"早在 2002 年，古田山国家级自然保护区管理局就与中科院植物研究所、浙江大学等团队就生物多样性监测展开了密切合作。钱江源国家公园体制试点以来，科研监测工作更是得到长足发展，全方位、立体式的'空天地'一体化生物多样性监测体系已经覆盖钱江源国家公园全域，并向周边地区延伸，这便是《报告》中提到的'生物多样性、综合监测平台'。"钱江源国家公园科研监测中心主任余建平介绍说。

"空天地"这三个字，代表了从太空到地面的多个监测平台组成的复合体系。

钱江源国家公园在全境范围内，根据研究目的和要求的不同，至今共建立了 750 个固定的植被监测样地，其中包括 5 公顷、24 公顷固定样地各 1 个，30 米 ×30 米参考样地 27 个，1 公顷固定样地 13 个以及遍布国家公园全境的 20 米 ×20 米监测样方 708 个等，组成了钱江源国家公园森林样地动态监测平台，这个平台至今总共标记了 59 万个个体。

《报告》分析了 2014—2017 年间钱江源国家公园黑麂和白颈长尾雉的种群数量变化情况，能得出这个结论，要归功于以 540 台红外相机为基础的"全境网格化动物多样性监测平台"。该平台在钱江源国家公园全境及合作保护区域内，开展了以兽类和鸟类为主的大中型地栖动物的本底调查，并长期监测鸟兽的物种组成、空间分布和数量变化。仅 2018 年 8 月至 2020 年 4 月底，监测累计有效时间约为 16.7 万个工作日，有效监测数 76582 次，获得兽类、鸟类的照片和视频 296836 份。

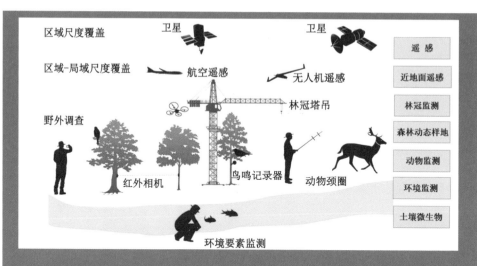

"空天地"一体化生物多样性监测体系

▲科研监测

"空"即卫星遥感技术。利用卫星遥感影像，对钱江源国家公园全域及周边进行多时遥感监测。

"天"的意思则是利用大气层的高科技设备，如近地面和航空遥感数据对卫星遥感图像进行解译；通过机载激光雷达、CCD高清晰度摄像和高光谱影像，获取钱江源国家公园全域的森林冠层表面的水平和垂直结构信息，反映植物叶片的重要功能性状。

此外，"天"的体系中，还有一个十分独特的平台——林冠塔吊，又称森林冠层生物多样性监测平台。该平台以一台塔式起重机的位置为中心，由高60米、半径60米的塔吊系统组成，吊臂可360度旋转，覆盖1.13公顷的典型中亚热带低海拔常绿阔叶林。同时，又在起重机所在位置，按照中国森林生物多样性监测网格的监测规范，建成了一个140米×160米的永久样地，便于观察、研究森林冠层生物多样性。

"地"的体系则更加复杂。以古田山国家级自然保护区森林生物多样性地面监测平台为基础，拓展至钱江源国家公园全境及合作保护区的关键地区。这个体系包括了"全境森林样地动态监测平台""全境网格化动物多样性监测平台""亚热带森林生物多样性与生态系统功能试验平台"和"环境要素监测平台"。

林冠塔吊

监测动植物的同时，科学家们也没有忽视对环境要素的监测。国家公园涉及的4个乡（镇）都建立了气象站、水文监测、土壤检测等环境要素监测平台。

这当中，气候因子监测主要为降雨量、大气温度和湿度、二氧化碳和氧气的含量、负离子浓度、PM2.5浓度等；水文监测包括出境水量及含沙量等水土流失情况；土壤监测主要是针对样地每五年一次的土壤各元素含量以及碳储量，包括常规的土壤温度、湿度、电导度的监测。

中科院植物研究所马克平研究团队还联合瑞士、德国的生态学家，根据古田山27个30米×30米参考样地植被群落的结构，在江西省德兴市新岗山镇建立了一个50公顷的BEF平台（中国亚热带森林生物多样性与生态系统功能试验平台），设计从纯林到24个物种混交林的6种多样性水平梯度，种植了超过30万棵树。这是当今世界最大的野外人工生物多样性控制实验平台，也是唯一在亚热带森林进行的BEF控制试验平台。

苏黎世大学综合"空天地"三大体系平台搜集的数据信息，可以评估钱江源国家公园的管理有效性，包括：利用植物群落动态样地监测数据和遥感数据，对钱江源国家公园森林群落分类，计算亚热带常绿阔叶林的面积和破碎化指数；基于动物

中科院植物研究所研究员马克平（左一）与苏黎世大学自然科学院原院长，BEF（中国亚热带森林生物多样性与生态系统功能实验研究）组织者、发起人伯纳德·施密特（左二）开展现场工作

傅伯杰院士（中）考察 24 公顷大样地

裴刚（右一）、陈烨华（右二）、魏辅文（右三）三院士齐聚钱江源

▲重大荣誉

"空天地"一体化平台为钱江源国家公园的科学研究提供了坚实基础，收获了诸多的成果和荣誉。2007年以来，基于钱江源国家公园的研究，已先后在《Science》（2篇）、《Nature Communications》、《Ecology Letters》等国内外主流学术期刊发表论文316篇（SCI：244篇），相关成果被学界广泛引用，产生了重要的国际影响。2019年1月，《生物多样性杂志》专门以"钱江源国家公园生物多样性保护与管理"为主题出版专刊，"古田山生物多样性研究"获得浙江省第十九届科技兴林奖二等奖，"亚热带森林植物多样性样地监测技术及其应用"获得浙江省第十九届科技兴林奖三等奖，《钱江源国家公园》宣传片在"科普中国"2019年全国林业和草原科普微视频创新创业大赛中荣获优秀作品一等奖，《国家公园空天地一体化综合监测体系构建与应用研究——以钱江源国家公园为实践案例》报告被评为第七届中国林业学术大会S27自然保护地分会场优秀报告一等奖，"古田山森林生物多样性监测、研究及示范应用"获得浙江省第二十届科技兴林奖一等奖（2020年）、第十一届梁希林业科学技术进步奖二等奖（2020年），《钱江源国家公园鸟类图鉴》获得浙江省第二十届科技兴林奖科学普及类科普作品二等奖（2020年）。

多样性监测平台收集的红外相机调查数据，采用N-mixture模型估算该区域范围内黑麂和白颈长尾雉的相对多度及其年际变化趋势；基于植物群落动态样地监测数据，估计样地内森林生态系统的地上生物量和碳储量，并结合遥感技术估计整个国家公园森林生态系统的生物量和碳储量。

北京大学中国城市治理研究院副院长、研究员包雅钧认为，钱江源国家公园开展高水平高质量科研工作，既是满足国家公园体制建设中定位功能需要，也是实现对公园最严格保护的需要。

自2002年起，中科院植物研究所与浙江大学的科学家因钱江源的魅力而来，开启了钱江源国家公园的科学探索之旅。经过10多年不懈的努力，2009年建立的中科院植物研究所钱江源森林生物多样性与气候变化研究站，现已成为国内外有重

要影响的生物多样性研究基地、国家科技创新基地。2016 年以来，中科院生态环境研究中心傅伯杰院士、中科院动物研究所魏辅文院士先后"加盟"研究站，领衔开展重大课题研究。2020 年，委托国家林业和草原局调查规划设计院编制完成的《钱江源国家公园科研监测规划》已进入全面实施阶段。

长期以来，研究站始终坚持开放、共享、合作的理念，敞开怀抱，欢迎世界各地的专家学者前来合作交流。目前，这里已与美国斯密森研究所热带森林科学中心，苏黎世大学，丹麦奥尔胡斯大学，德国马丁路德·哈勒维滕贝格大学，中科院动物所、微生物所，

地理科学与资源研究所、遥感与数字地球研究所，中国科学院大学，北京大学，清华大学，浙江大学，中国林业科学研究院，中国林业科学研究院亚热带林业研究所，世界自然基金会（WWF）等 30 余家国内外知名大学、科研院所和非政府组织建立长期合作关系，汇丰银行、地球观察研究所等国际大企业、非政府环境保护组织定期在此开展企业社会责任培训，守望地球、新东方等集团和组织在此开展的科考活动每年都会如期举行，这里还被绿色中国行活动组委会授予"绿色中国自然大课堂研学基地"。

期间，基于钱江源国家公园独特的生物多样性和国际化的监测研究平台，钱江源国家公园管理局联合开化县政府，先后主办和承办了世界自然保护联盟（IUCN）亚洲区会员委员会年会、国家林业和草原局（国家公园管理局）《关于建立以国家公园为主体的自然保护地体系的指导意见》政策解读培训班、国家公园建设与管理国际研讨会、第三届全国生物多样性监测研讨会、全国三亿青少年进森林研学教育活动启动仪式等，这里

已经成为众多国内国际重要会议的举办地。

2020 年 12 月，科学技术部正式将研究站列入《国家野外科学观测研究站择优建设名单》，研究站正式更名为"浙江钱江源森林生物多样性国家野外科学观测研究站"（简称钱江源站），钱江源国家公园的科学王国将迈向更加辉煌的明天。

▲后记

2021 年 10 月，"浙江钱江源森林生物多样性野外科学观测研究站"经科学技术部批准，成为全国仅有的两家森林生物多样性国家野外科学观测研究站之一。

森林大样地里的秘密

王行云

从开化出发，驱车一个小时左右就能到达钱江源国家公园的古田山。这里拥有全球稀有、保存完好的中亚热带低海拔原生常绿阔叶林，这里还是黑麂、白颈长尾雉等中国特有珍稀濒危物种的全球集中分布区。

车驶苏庄镇境内，远望峰峦叠嶂、林木葱茏。车过古田山庄，便觉山间清新的空气阵阵徐来，恬静怡人。早就听说古田山建有全国首批五个森林大样地之一，这次终于有机会跟随专家一起走进这片神秘的土地。

有这样一块监测样地

古田山森林大样地建成于 2004 年，由中科院植物研究所、浙江大学和古田山国家级自然保护区管理局联合建设，样地长 400 米、宽 600 米，总面积 24 公顷，是中国森林生物多样性监测网络成员之一，也是世界热带森林研究中心（CTFS）监测网络的重要组成部分。

在去往大样地的山路上，钱江源站王宁宁博士介绍，大样地的目标是监测天然林的变化，以及探索亚热带森林群落多样性的维持机制。"例如，有些物种死活不会长在一起，而有些物种又老长在一起，这是什么原因呢？我们对样地内连续 9 年幼苗存活监测数据进行了分析，基于邻居效应模型发现，同种密度制约的强度主要受植物菌根类型影响，丛枝菌根植物更易受到同种邻居密度限制，而外生菌根植物

鸟类音频记录仪

红外相机　　　　　　　种子雨收集器　　　树牌和树木胸径生长测量环

邻居却能够保护异种个体免受同种密度制约的影响。"王宁宁说得很专业。

　　王宁宁指着山路边一棵棵刷有红漆的树干说："我们现在脚下就属大样地了，这些树干刷有红漆的木本植物，离地 1.3 米、胸径大于 1 厘米的都挂有一个牌，目的是用来监测其个体的生长。"只见牌子上标有"GT20040205"[①]等字样，这相当

---

① GT 代表古田山 24 公顷样地，"20040205"八位数中前面二位"20"指的 24 公顷样地中第二十条横线〈东西方向〉，"04"指的是 24 公顷样地中第四条竖线〈南北方向〉。因此，"2004"表示 24 公顷样地中第 20 条横线与第四条竖线所围成左下方的 20 m × 20 m 样方，最后四位数字"0205"代表在该 20 m × 20 m 的样方中的第 205 棵树。

于这棵树的身份证。据了解，在古田山 24 公顷样中这样的树牌超过 14.7 万个，这是一项多么艰巨而繁琐的工作。

"这是红外相机，通过红外感应，可以拍摄到路过的哺乳动物。那是鸟类音频记录仪，通过将监测到的鸣禽声音及声音频率等与声音库数据对比来判别这是什么鸟，其处在什么生理期。应该说，我们目前使用的科研图片等素材，基本上是通过这些装置获得的。"王宁宁说。

可想而知，在深山布控这些红外相机和鸟类音频记录仪，包括布设在山林里的大小样方和种子雨收集器，肯定也是件既专业又很辛苦的活。"那些低于 1cm 胸径的树木要用幼苗样方的模式来监测，大样地里有 169 个样方，每个样方里有 3 个幼苗样方。"王宁宁说，样方就是在一块方形区域内选取各种样本，调查生态系统生物多样性及种间关系，以确保探索出带有普遍性、代表性的研究方法。而种子雨，则是研究它们如何生长以及存活的概率。以上均是对其从种子开始到幼苗长大再到死亡的全生活史监测。

看到这么多设施装置以及听了王宁宁这么一介绍，大家的脚步自然轻了起来，生怕自己踩到一根树梢、一片叶子、一粒种子，从而破坏生态，甚至导致一种生命的终结。

回到王宁宁的办公室，也就意味着来到了钱江源站办公场地，拼接而成的长长的桌上，满满地堆放着各类表格资料。王宁宁说，要采访的几位护林员们得 16：30 才能下山。

等待间隙，王宁宁继续介绍说："护林员的日常监测是每周一收集凋落物和种子雨（特定的时间和特定的空间从母株上散落的种子量），周二到周五整理凋落物。每年 5 月和 8 月各安排一个星期开展幼苗监测，提供幼苗调查数据。每年 4 月和 9 月各安排一个星期，对树木胸径生长测量环进行监测，提供调查数据。每位师傅还分别负责台站的仪器设备、仓库管理、考勤记录、住宿、卫生管理、对外联络、宣传、塔吊项目管理和野外设备安全、管理、采购等事务。同时，他们还参与台站的周期监测项目、来台站开展的各类科研项目的辅助工作等。"

样地里的森林行者

2020 年 7 月 18 日，钱江源站启动了第三次 24 公顷样地复查工作。该样地从 2005 年起，每隔 5 年需要复查一次。15 年的轮回中，样地内的 159 种木本植物在这片亚热带森林里究竟演绎着哪些故事？样地复查负责人王宁宁说："我们要求复查的各个环节如刷漆、拉线、调查、抽查、数据检查等，都要把握重点，这就特别需要对样地内物种认识比较多的专业人员来承担。护林员们长期为钱江源站工作，对我们的监测体系比较了解，对山林地形和习性也熟悉，更具备在野外作业的应急处理能力。"

细看样地复查工作的文件，发现要求十分细致严格。例如，调查人员的工作流程要规范，对前一天完成调查的样方进行抽查；野外负责人要巡查，确保复查操作正确；在站研究人员对当天带回的复查数据及时检查，遗漏和错误数据第二天必须及时补测或纠正；每两周对调查数据集中检查，以避免数据漏测，保证数据质量。

从王宁宁口中得知，这些参加调查的护林员基本都是当地的原住民，其中4人长期受聘于钱江源站，已从事大样地建设10多年，他们分别是赖正淦、赖祯熙、姜永清和江福春。这时，安静的门外传来了说话的声音，王宁宁立刻起身说："师

江福春

姜永清

赖祯熙

赖正淦

四位"农民科学家"

傅们回来了，今天怎么 5 点多了才下山？"

果不其然，六七个穿着迷彩服的护林员，正围着大厅里的乒乓桌，低头和站里的 2 位年轻的女博士清点、移交填满数据的调查表。采访结束后，笔者特意向王宁宁索要那天的调查工作量，王宁宁给笔者看了其中 2 页调查表。调查记录按类别一一填满，从样方号、小样方号、牌号、物种名、分枝号、坐标 X-Y、胸径 1-2、类别、状态，还有调查人、记录人和检查人分别是谁，一一签名。

借着等待护林员下山的那会儿，笔者已和王宁宁博士充分交流了大小样地监测和护林员野外作业的情况，因此，采访变得直截了当："天色已晚，干活又累，你妻子也等着你回家吃晚饭了，你就随便聊些你在山上的故事吧。"

"今天下山是晚了，主要是前几天持续下雨，山路铺满落叶杂草，行走时，既要保护样地的原生状态，又要仔细复查记录，今天一共记录 40 页呢。"赖正淦神色自如地说着。这样的山路他不知走了多少遍。

"走在山林里，是否会碰到蛇或被蛇咬？"面对这样的问题，赖正淦笑了起来，"肯定会碰到，竹叶青、五步蛇和眼镜蛇都有，但不要惹它，绕着走就行。"

高中毕业的赖正淦曾在自家村里小学代课 3 年，后来砍过木头、养过菇、学过泥瓦工，也到温州打过工。自从他参加了钱江源站的样地建设，因植物识别快、勤奋认真而被聘用，这一干竟然在森林里行走了 10 多年。

采访赖祯熙时，王宁宁正好过来安排护林员第二天的上山任务，讨论走哪条线路。从讨论中回过神来，赖祯熙说："2005 年，我就到古田山干活，记得那天米湘成副研究员带队进山，那是我第一次上山，主要协助师傅挂牌、刷漆等。我从小在山里长大，对山里青冈等植物能随便叫出树的俗名。第二天，米湘成便因为我特别熟悉山里植物，决定长期聘用我来当护林员。"自从那年来到古田山，赖祯熙就再未离开过，不管哪条线路，到处都留下了他的脚印。

一身迷彩服、一双解放鞋、一个便当盒，要么身背二三千克重的必备设施，上山收集凋落物和种子雨、对幼苗和树木胸径生长测量环进行监测，要么在办公室整理收集起来的凋落物，这就是四位护林员的全部行头和主要工作内容。凋落物在烘干后，其形象和它们鲜活时完全不同，要在众多植物中识别出来，是一项技术难度非常高的工作，这也是王宁宁在采访中多次对这批森林行者表达赞扬和肯定的地方。

森林行者变身"农民科学家"

针对基层科研人员少的实际情况，钱江源国家公园管理局联合科研单位，面向原住居民大力开展各类科研技能培训，成功组建了一支"农民科学家"队伍，并在林区设立"生态护林员"岗位，同时实现保护环境和带动群众增收。

钱江源国家公园目前已有近百名农民科学家队伍，其中4人被钱江源站长期聘用，专门从事森林样地建设。10年前，他们只能用土语叫出几十种植物，现在不仅认得钱江源国家公园内300多种木本植物、200多种草本植物，而且说得出学名。

期间，钱江源国家公园管理局多次邀请中科院植物所、北京大学老师请他们对吸收的部分原住民进行动植物理论和识别认知、野外红外相机实地安装和样地建设等专业知识培训，以及现场讲解怎么辨别动物粪便（如辨别黑麂粪便与小麂粪便的差异）、野外采集粪便步骤及注意事项等，不断提高他们的科研能力，壮大"农民科学家"队伍。他们当中，有的还参与了江山仙霞岭等自然保护区的红外相机安装工作。

那么，"农民科学家"这个称呼又是怎么来的呢？王宁宁说，这好像是媒体创造出来的，2019年的《浙江日报》记者跟踪采访了台站的一个护林员，走进深山林海监测一整天，称呼见报后就自然而然成为习惯了。

王宁宁博士说，全国各地的许多研究生初到钱江源站，都是护林员师傅们给他们当向导，师傅们尽管学历不高，但他们的确能给师生们提供很多指导和帮助。

"生态护林员等公益岗位的设置，既改变了农村的生活方式，也增加了农民的收入，又宣传了生态保护理念。"钱江源国家公园管理局办公室主任朱建平说："仅红外相机安装、粪便和标本采集等相关科研工作就为社区居民提供了近100个就业岗位，每年可为原住民增收近300万元。"

冬去春来，古田山上的森林已变得更加多姿多彩，吸引着人们的目光。古田山下的"农民科学家"，他们换上迷彩服，穿上解放鞋，肩上背着便当，四季穿梭在密林之中，他们是大山之眼，他们是钱江源国家公园的"土专家"，他们更是一道最美的风景。

个性化植物识别 APP 与数字标本馆

王行云

　　传统上，鉴定植物物种需要使用植物志、植物图鉴、植物检索表等专业资料进行查找检索。但这种鉴定方式需要过硬的专业技能，只有少数受过相应训练的人才能良好掌握。至于看一眼就能认出是哪种植物，没有多年的经验是做不到的。

　　钱江源国家公园内有着丰富的植物资源，只有认识了植物物种，才能获得与该物种相关的信息，这就需要有一种便捷的鉴定和识别方式使人与植物资源产生互动，而这种互动恰恰又是国家公园日常管理和活动的重要部分。

　　为了让这种互动更加具体化，更好地推动植物科普，钱江源国家公园管理局于2020 年 9 月 5 日推出一种快速、准确的鉴定和识别植物物种的新方法，有效地传递了植物科普信息，既能使更多人关注植物、观察植物和积累植物科学数据，反过来，又为植物学工作提供更多更好的基础依据。

手机扫一扫，识别树木花草

　　人们在认识、鉴定植物的过程中所观察到的植物信息非常值得积累管理起来，这样不仅能增加数字标本馆的量，而且还能让钱江源国家公园管理局实时了解掌握人们认识、鉴定植物的流量，鼓励访客更多地参与植物资源调查和监测，有效实现植物科普。钱江源国家公园管理局科研监测中心工作人员蓝文超介绍说："我们的植物识别 APP 是与'自然标本馆''形色'合作而成，主要对钱江源国家公园

2000 种常见植物，筛选了 200 万张鉴定比较准确的素材照片训练人工智能植物识别引擎，定制了安卓系统应用程序，并将其与'钱江源国家公园数字标本馆'对接，实现物种鉴定、观察数据上传积累的功能。其常见植物识别准确率高达 95%。"

当蓝文超打开植物识别 APP 后台，用他手机拍摄的两张上传照片也已显示在数字标本馆内。该 APP 于 2021 年 9 月 5 日正式上线，那天上传至数字标本馆的照片显示有 100 多张。"接下去，我们要组织相关护林员来钱江源培训，组织他们推广植物识别 APP 的实名注册和使用，并给他们安排任务，规定每人每天、每周、每月需有上传植物物种照片任务数。"蓝文超说，因为

植物识别 APP 的使用界面

护林员具有一定的植物识别常识和能力，特别是有发现新物种的辨别能力，并且他们经常巡护山林，能够专业地获得物种照片，其实名上传照片，更加确保了数据标本馆物种照片的数量和质量。

"活的标本馆"纳自然万物为馆藏

钱江源国家公园植物识别 APP 与"形色"APP 的不同之处在于，前者鉴定的物种是该国家公园已有且录入数字标本馆的物种，用户观察数据同步上传积累到该数字标本馆，成为高效率的信息采集终端，从而将广大公众吸引到植物资源的观察记录中来。如此，不断壮大的数字标本馆，让钱江源国家公园 252 平方千米的山川河流、花草树木成了"活的博物馆"。

除了以上精确定位自然资源，其他成效也是显而易见的。

首先，上传的调查轨迹和凭证照片、标本数据，不仅能长期积累保存，而且全国专家也可在线协作开展物种鉴定，并可链接到分类学名称、文献、标本等相关数据库。鉴定信息即时更新，平台也自动生成更新，彻底解决了传统自然资源调查凭证资料难于管理、纠错和利用的问题。

其次，通过以上快捷的分类和编目管理对被调查资源精确的空间定位，国家公

▲科研监测

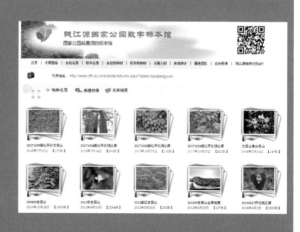

所谓"活的标本馆"，是从中科院植物研究所马克平研究员团队倡导"将地球变成活的标本馆"的理念延伸而来的，这与当前的数字信息时代里多媒体、地理信息和数据库等技术的成熟也密不可分。2008 年，该团队陈彬博士等人开始系统使用数码摄影来记录野外调查轨迹和空间坐标定位这种方式，在钱江源国家公园古田山区域开展野外调查记录，并依托"中国自然标本馆"生物多样性信息系统，建立了"钱江源国家公园数字标本馆"，同时进行调查数据在线存储、鉴定编目和信息服务，开创了国家公园自然资源调查管理的新模式。

10 年后，2019 年 5 月 23 日，陈彬博士再次在古田山区域开展科学考察，并利用智能手机精确记录其调查路线，利用数码相机记录沿途所有植物种类并结合轨迹数据进行精确定位，一天时间内调查覆盖植物 300 多种，工作效率极高。

园可清楚了解本区有哪些自然资源，长什么样子，分布在哪个位置，再根据调查数据的分布坐标，利用卫星导航前往野外实地考察研究，真正实现将自然资源就地保存管理，从而形成一个"活的博物馆"。

再次，钱江源国家公园管理局的工作人员也加入了"钱江源国家公园数字标本馆"的调查团队，与全国专家和爱好者互动合作，开展自然资源调查和物种鉴定，可迅速提高个人自然知识水平和技能，提升国家公园的建设管理水平。

看来，"将地球变成活的标本馆"具有很好的可行性和操作性，尤为适合自然资源丰富、人与自然互动密切的国家公园体系。它可以动员公众参与进来，形成共同调查生物多样性的科学协作，大规模采集和积累数字化原始凭证资料，高效率地摸清区域资源本底，进而服务于生物多样性保护、研究和合理开发利用工作。"目前，钱江源国家公园数字标本馆已积累了 6.8 万张调查照片，已鉴定 1400 多种植物。"作为数字标本馆负责人，蓝文超对此充满无限热情和信心。

强强联手共推植物科普

钱江源国家公园植物识别 APP 是与"中国自然标本馆""形色"合作，并与"钱江源国家公园数字标本馆"对接而实现的。

"中国自然标本馆"是上海辰山植物园和中科院植物研究所合作的生物多样性信息平台，它为个人生物多样性信息的管理提供解决方案，以公民科学的形式鼓励专家和志愿者通力合作，共同推动全国生物多样性的调查与监测。截至 2020 年 10 月，已拥有注册用户近 2 万个，生物图片 1040 多万张，鉴定出 6.5 万多种物种，建立了 500 多个分站，平均每天新增照片 5000 多张，成为快速增长的植物多样性原始信息源，促进了全国生物多样性的科学普及以及野外生物多样性调查、监测工作的开展。

2020 年 11 月 20 日，上海辰山植物园、自然标本馆负责人陈彬博士专程来到钱江源国家公园，为四个片区的生态巡护员培训如何准确使用植物识别 APP。陈彬博士说："我们利用信息时代的最新理念和技术建设的钱江源国家公园数字标本馆及植物识别 APP，为自然保护地植物资源的调查、管理和信息服务提供了创新性的信息化模式。"

陈彬指出，随着全球定位、网络信息技术和智能手机的普及，人们可以很方便地对自然植物资源进行观察、拍照和空间定位，将整个国家公园当成一个活的标本馆来进行管理已成为可能。将带有 GPS 定位的野外调查照片上传到钱江源国家公园数字标本馆，可以使用人工智能自动鉴定，也可以由全国各地专家在线协助鉴定，进而自动生成物种名录、分类图库和精确空间分布地图数据，实现对钱江源国家公园植物资源的有效管理。钱江源植物识别 APP 内置了钱江源植物识别引擎，该引擎是基于自然标本馆平台积累的钱江源国家公园地区的植物图片数据进行训练的，相对于其他植物识别 APP，对钱江源的野生植物具有更高的识别率。用户在使用 APP 时，不仅能即时获得物种名称、描述等各方面的信息，用户拍摄的照片还将同时上传共享到钱江源国家公园数字标本馆，成为新的资源观察记录数据积累起来，最终形成原始数据—信息服

陈彬博士现场讲解 APP 的使用方法

务—新的原始数据积累的循环。

钱江源国家公园数字标本馆和植物识别 APP 相结合，可以动员各方面的人力资源，特别是能充分利用本地生态巡护员和访客的力量一起观察记录植物，对钱江源国家公园植物资源调查、管理、监测服务，无疑是一个高效、客观、精确的解决方案。

在对巡护员的培训会上，陈彬博士全面细致地介绍了如何将植物识别 APP 有效地应用到日常的国家公园野外巡护和考察中。为了使巡护员更加熟练地掌握植物识别软件的使用方法，陈彬博士还进行现场操作和演练，使大家更直观地看到了使用 APP 识别植物所产生的效果。他还带着大家深入古田山，考察植物种类，拍摄植物照片，将培训的知识和方法应用到实地植物识别中。

负责该 APP 推广宣传的蓝文超说："培训会取得满意的效果，30 余名护林员在 APP 上实名注册，当天进入古田山拍摄上传植物照片，为今后长效运作识别植物工作打下了良好基础。"

"未来的科普馆是宣传推广植物识别 APP 很好的载体，去那里的青少年、研学者和公众，他们对自然科学普遍带有高涨热情和迫切知晓的欲望，鼓励他们注册识别，其结果是双赢的，能够实现有序的环境教育。"蓝文超对 APP 今后的推广有着自己的见解。

首次全域综合科学考察圆满收官

姜伟东

2020 年 9 月，为期两年半的钱江源国家公园综合科学考察圆满收官，这是钱江源国家公园成立以来首次全域综合科学考察，共发现钱江源国家公园新记录物种1401 种。特别值得注意的是，钱江源国家公园共有 123 种特有昆虫，如广翅目的喜网等鳞蛉，在国内仅分布于钱江源国家公园。

钱江源国家公园管理局在杭州召开的钱江源国家公园综合科学考察项目验收会上发布了此次科考成果。新发现的 1401 种物种中包括苔藓植物 88 种、蕨类植物11 种、种子植物 146 种、大型菌物 261 种、兽类 14 种、昆虫 857 种、鱼类 12 种、鸟类 12 种。

钱江源国家公园管理局科研监测中心副主任陈小南介绍，新增物种主要是与此前《古田山科学考察报告》《钱江源国家公园鸟类图鉴》及公开发表关于钱江源国家公园资源类的论文进行比较的。"之所以增加这么多，一是调查面积覆盖整个国家公园范围，长虹、何田、齐溪区域以前所做的资源调查很少；二是本次调查更加系统全面。"他表示，以前的科学考察主要在古田山国家级自然保护区，最近一次是 2014—2017 年，古田山国家级自然保护区管理局委托浙江大学组织综合科学考察队，对古田山自然资源和生物多样性进行系统全面的调查研究，完成了《古田山科学考察报告》。

"钱江源国家公园综合科学考察项目"于 2018 年 4 月启动，由浙江大学牵头，北京大学、华东师范大学、浙江师范大学、浙江农林大学、浙江省中医药研究院、

综合科学考察启动仪式

浙江大学生命科学学院教授于明坚（中）、丁平（右一）实地考察

浙江自然博物院等科研院校参与组成科考队，对钱江源国家公园的地质地貌、气候、土壤、水系和水资源，主要植被类型的特征与分布，苔藓、蕨类和种子植物资源，大型菌物资源，昆虫资源，鱼类、两栖类、爬行类、鸟类和兽类资源，长柄双花木、白颈长尾雉和黑麂种群及其生境等各方面、全方位进行考察和研究，并完成《钱江源国家公园综合科学考察报告》编写，发表学术论文 11 篇。

陈小南表示，本次科学考察成果，不仅为钱江源国家公园的建设和管理提供科学依据，也为公众的科普教育提供支撑材料。"如昆虫方面，钱江源国家公园共有123 种特有昆虫，有的可以在我们正在建的钱江源国家公园科普馆展示其标本。"

肆／环境教育

别开生面的环境教育专项规划

林浩

环境教育的概念，最早见于 1970 年美国的《环境教育法》："所谓环境教育，是着眼于人类同其周围自然环境与人工环境之间的关系，是为使人们正确地理解人口、污染、资源分配与资源枯竭、自然保护、技术、城市与地方的开发规划等各种因素对于整个人类环境究竟具有何等关系的一种教育。"

国家公园管理局公园办副主任唐小平（右二）实地调研钱江源国家公园并考察环境教育设施建设情况

环境教育是传递国家公园原真保护价值的重要方式，也是实现国家公园"国家所有、全民共享、世代传承"目标的重要途径。《总体方案》指出：国家公园坚持全民共享、着眼于提升生态系统服务功能，开展自然环境教育，为公众提供亲近自然、体验自然、了解自然以及作为国民福利的游憩机会。

"长江三角洲"的天然基因库

国务院 2019 年 12 月发布的《长江三角洲区域一体化发展规划纲要》（以下简称《规划纲要》）中明确，长江三角洲一体化区域涵盖上海市、江苏省、浙江省、安徽省全域共 41 个城市，总面积 35.8 万平方千米，国内生产总值高达 21.1 万亿元，人口合计 2.25 亿。这里是我国人口密度最高，社会经济最发达，同时也是原生自然环境受人类活动影响而改变最多、最深入的地区。曾在长江三角洲地区广泛分布的亚热带常绿阔叶林，在近年来的经济社会高速发展中遭受到巨大的干扰，原生植被资源变得非常稀有。

钱江源地处浙江省开化县，是浙江人民"母亲河"钱塘江的发源地。钱江源国家公园 252 平方千米的区域由古田山国家级自然保护区、钱江源国家森林公园、钱江源省级风景名胜区等 3 个保护地，以及连接上述保护地的生态区域整合而成，区域内森林覆盖率达 90% 以上。

在历史上，开化就有环境保护的传统理念，开化目前有 3 块保存完好的古碑，年份最早的是源自四百五十多年前明代嘉靖年间的"禁采矿碑"，还有 2 块古碑分别源自清代乾隆、光绪年间，分别为"荫木禁碑"和"放生河碑"。这些古碑历经百年风雨侵蚀，见证当地"人与自然和谐共生"的生态坚持。

因此，虽然地处长江三角洲经济发达、人口密集区域，但钱江源国家公园仍完好地保存了大面积全球稀有的中亚热带低海拔典型的常绿阔叶林地带性植被，仍然保持着生态系统的原真性和完整性，是留给人们身心休憩空间的一片珍贵自然遗产。最近科学考察结果表明，这里共有苔藓植物 392 种、蕨类植物 175 种、种子植物 1677 种、大型菌物 449 种、昆虫 2013 种、鸟类 264 种、兽类 44 种、两栖类动物 26 种、爬行类动物 38 种、鱼类 42 种，是一个巨大的天然生物基因库。同时，森林生态系统的独特优势，使其在储存降水、净化水质、涵养水源等方面发挥着重要的生态服务功能，成为"长江三角洲"地区一处少有的生态"高地"。

环境教育的首选之地

作为目前长江三角洲地区唯一的国家公园体制试点区，钱江源国家公园区域交通基础设施成熟，全国 1/3 人口可以在半天内到达，是目前最具有可达性的国家公园。钱江源国家公园处于独特的植物区系交汇带，这里将为我们展现的不只是浙江西部和长江三角洲地区的植被风貌，还让我们有机会一次性纵览我国华东、华中、华南、华北等地区的典型植被。从山脚到峰尖，随着海拔的提升，植被的组成、类型、季相景观等都各不相同。如果深入其中，形态各异的叶片、色彩缤纷的花果，可以让我们在一个又一个微观世界流连和探究。

钱江源国家公园独特的区位优势、优越的自然禀赋、丰富的科研成果以及日趋完善的科普设施，使其成为开展环

▲重大荣誉

2019 年 5 月，在中国绿色时报《森林与人类》杂志社组织开展的第二届"中国最美森林"筛选活动中，钱江源国家公园的常绿阔叶林成为浙江唯一入选"中国最美森林"。

▲重大荣誉

2021 年 6 月，钱江源国家公园被全国关注森林活动组委会授予全国首批"国家青少年自然教育绿色营地"，获此殊荣的全国仅 26 个。

全国三亿青少年进森林研学教育活动启动仪式

境教育的理想场所。"守望地球"、新东方等集团和组织在此开展的科考活动每年都会如期举行；2019 年 8 月，全国三亿青少年进森林研学教育活动启动仪式在这里举行；2020 年 12 月，这里成为"守望地球"野外科研志愿者科考基地。

与世界自然基金会签署战略合作协议

雍怡博士团队现场科学考察

早在 2018 年 7 月，钱江源国家公园管理委员会与世界自然基金会（WWF）携手，全面启动《钱江源国家公园环境教育专项规划》，一支由雍怡博士领衔的跨学科、跨领域的合作团队随即展开工作。《钱江源国家公园环境教育专项规划》旨在运用国际先进的国家公园环境教育和环境解说理论和方法体系，邀请全球知名团队，在对国家公园整体自然资源和文化资源等本底情况进行系统全面调查工作的基础上，提炼形成环境教育和解说资源库，设计策划国家公园环境教育主体框架系统，并从环境教育设施（室内展陈和室外标识标牌系统）、人员（人员解说服务和系列教育活动）、媒体（出版物、宣传品、线上教育和智慧导览等多元形式）三大维度打造国际领先、国内一流、行业示范的环境教育体系，为公众提供欣赏、认识、理解亚热带常绿阔叶林世界之窗价值，以及国家公园建设意义的学习和参与平台。

自 2018 年 8 月至 2020 年 7 月（其中 2020 年 1 月至 5 月因疫情影响暂停所有差旅活动和现场工作），团队共完成 18 次环境教育资源现场调查，累积参与现场调研专业人员 136 人次（不含国家公园管理局方面协调和陪同人员），累计完成近 500 千米现场徒步调研，3000 千米以上调研车程，徒步到达最高海拔 1197.8 米，所有现场调研工作累计完成徒步爬升近 40000 米海拔高差。

现场调研工作共记录可供开展环境教育的 500 余种植物物种、近 300 种动物物种，与当地社区和国家公园相关部门机构开展 100 余场次现场访谈和沟通，收集 10 万余张现场调查照片素材。项目各合作团队还共同开展相关各学科领域的超过 500 篇科学文献和超过 100 本地方志等出版物资料调查，为确保规划的科学性、针对性和实践性打下了坚实基础。

环境解说系统的构建

基于上述文献查阅、现场调研和访谈等工作基础，整理、收集、梳理钱江源国

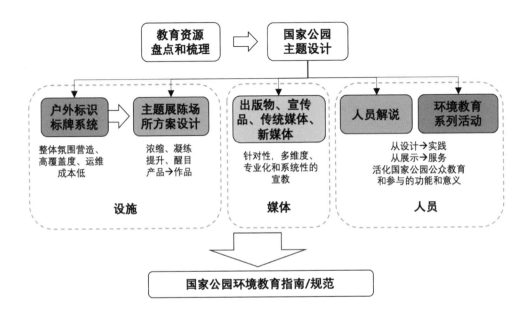

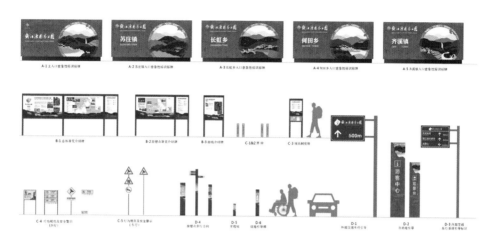

户外标识标牌系统设计

基于钱江源国家公园环境教育主题框架的解说标识标牌部分设计展示

家公园最有代表性的自然和文化资源，从中提炼形成钱江源国家公园环境教育主体框架系统，并统整编写《钱江源国家公园环境解说资源汇编报告》，作为后续规划设计工作的基础资料数据库。

钱江源国家公园环境教育主题框架系统在"亚热带常绿阔叶林之窗"的总主题定位基础上，策划提炼了5个具有当地代表性、兼顾国家公园自然、文化资源及建设管理工作成就的解说主题，包括"点亮北纬30度的生机绿洲""润泽富庶江南的河源追溯""原真自然佑护的生灵奥秘""秘境山水中的共生传承"和"国家公园保护地的创新探索"，以完整、全面、生动地展现国家公园所保护的珍贵自然和文化遗产，为参访者提供感受、学习、体验、参与等环境教育机会奠定基础。

为向所有公园访客及当地居民提供系统、完整、全面、科学、生动的环境教育服务，并兼顾访客自导式游览和人员解说服务等多重需要，团队分别从户外环境解说标识标牌系统和环境教育设施系统两个部分开展研究、策划、设计等工作。

首先，基于公园自然体验路线等基础设施开展户外环境解说标识标牌系统设计，营造国家公园整体空间的自然体验和环境教育氛围，提供全方位、无死角、系统性，兼顾科学和趣味的环境教育设施服务。具体而言，项目首先完成标识标牌系统的标准化设计方案，对国家公园所有标识标牌设施所用的版面版式、符号、字体、配色等进行统一标准化设计，确保整个国家公园标识标牌系统呈现完整、统一、规范的视觉形象，烘托独特、专业、完整的国家公园整体氛围。

其次，分别设计管理性标识标牌和解说性标识标牌。管理性标识标牌包括意向、公告、提示、警示、服务等多种类型，以满足并完善国家公园建设管理工作要求为目标，为游客提供舒适、周到、贴心、严谨的管理服务，提升现场体验的愉悦感和满足感。解说性标识标牌包括单体资源、主题综合等多种类型，旨在结合在地资源，生动、深入浅出地解说国家公园的代表性资源，阐释国家公园的保护价值和意义。

钱江源国家公园户外标识标牌系统的建设大大提升和优化了国家公园整体氛围，确保每一个抵达的访客都能充分感受到自己所处的地点是国家公园，并且丰富访客的现场参访和自然体验感，为专业访客和公众访客都能提供有针对性的教育和解说服务。

在环境教育设施系统设计的同时，团队还对标国际标准，开展钱江源国家公园人员环境教育服务系统设计，从一对一和一对多的人员讲解服务，到面向指定人群的主题环境教育讲堂，再到因地制宜设计的系统环境教育课程和活动，为公园不同类型的访客及当地居民提供有针对性、分主题分类型、多元化的环境教育服务和产品。

国家公园的人员解说和环境教育必须基于自然体验路线的现场条件进行针对性设计。项目团队特别针对钱江源国家公园的 8 条主题自然体验路线和 12 个自然体验点进行设计，总结编写了《钱江源国家公园人员解说手册（双语版）》一书。为方便解说员日常使用，该书由 5 条主题路线的独立人员解说手册，针对生物多样性和当地人文解说点的 2 种通用型解说手册，以及 1 种互动体验教育活动手册（共计

8 部分）组成，确保解说员和环境教育工作人员能够因地制宜地开展解说服务和教育活动。该书中对每一个人员解说的停留点的现场条件、解说内容、开展人员解说需准备的相关辅助资料、展示素材，配合人员解说所需的现场环境教育设施，以及可能开展的配套环境教育活动进行了完整的梳理，大大提高后续解说人员的实践运用便利性，为如何开展国家公园人员解说提供了有探索价值的行业示范。

在基本人员解说的基础上，基于 WWF 环境教育理论方法体系和案例课程体系，结合钱江源国家公园现场情况，团队还设计并开展了针对不同类型人群的环境教育活动，打造丰富多元的环境教育产品体系。具体包括：针对国家公园管理团队、相关部门工作人员、合作机构人员等开展系统、专业培训；针对当地社区特别是青少年人群编写乡土环境教育读本，研发主题研学课程，在学校和社区开展丰富多样的环境教育活动；针对国家公园行业专业人员开展环境教育和环境解说专业服务和提供技术支持，探讨环境教育工作，优化提升方向，并为行业提供专业示范；针对国家公园公众开展环境教育和环境解说服务，为未来开展国家公园特许经营、自然体验、生态旅游等活动的研发和推广探索路径、积累经验、总结方法。

为拓展钱江源国家公园环境教育工作的深度和广度，在通过国家公园系统宣传资料、出版物、智慧导览终端等形式，向所有公园访客及当地居民提供生动、多元、深入的解说和教育服务的同时，还为那些不能亲自来到钱江源国家公园的全国各地公众，通过编写出版物、线上传播和教育等形式，生动介绍钱江源国家公园的保护价值和管理成就。

其中，编写面向普通公众特别是自然爱好者的国家公园主题出版物《江源古田——钱江源国家公园环境解说》，提供关于钱江源国家公园的系统、专业、生动、图文并茂的解说，描绘国家公园的独特景观和个性特点，展现国家公园的珍贵资源、演绎当地发生的保护故事，旨在吸引普通公众，特别是热爱自然、关心自然，希望服务于保护自然的公众，激发公众的关注度、向往力和参与保护的意愿，潜移默化地传播保护理念，实现更有效的环境教育。该书以其独特的选题、优质的内容，入选世界自然基金会（WWF）自然导览和环境解说系列丛书，得到中国林业出版社的支持，予以正式出版，并通过中国林学会全国自然教育总校的评审，被授予"全国自然教育总校推荐用书"。

▲专家点评

　　在钱江源国家公园环境教育专项规划验收会现场，与会专家对钱江源国家公园在环境教育领域所做的尝试探索以及在本项目中取得的丰硕成果表示肯定。同时还高度赞赏了公园"以环境教育立园"的理念以及在生态文明思想指导下所进行的顶层设计工作。

　　专家指出：钱江源国家公园的环境教育工作既吸取借鉴西方国家公园环境教育和环境解说的理论和方法，又充分结合中国社会经济发展的自身特点，紧紧围绕国家公园本身的资源禀赋、生态特征和国家公园体制试点建设的具体要求，从国家公园的环境教育角度出发，设计出了一套系统、完善且生动的环境教育内容，是对我国国家公园环境教育与环境解说工作的重要探索，在国家公园体制试点区乃至在全国自然保护地中处于领先位置。

环境教育与环境解说专家研讨会

环境教育专项规划成果验收会

自然课堂：
一座没有围墙的学校

王行云

钱江源国家公园涉及 4 个乡（镇），共有小学 7 所，学生 662 人，他（她）们的家庭居所大多在钱江源国家公园周边，有的甚至就在国家公园内。目前，这些小学均开设了自然课堂，让他（她）们从小接受自然教育，培养他（她）们爱护动植物、关心周围环境、珍稀自然资源的良好品格，并以此影响他（她）们的身边人。齐溪镇中心小学便是其中之一。

"咱们的国家公园" 开课了

"中国亚热带有一扇窗，开在一个叫钱江源的地方……"伴随着《亚热带之窗——钱江源国家公园之歌》在校园响起，一堂别开生面的乡土自然课程——"咱们的国家公园"终于在齐溪镇中心小学开课了。

课堂上，老师在生动活泼地介绍钱江源国家公园概况后，将班级的学生按所在村分为 5 个小组，并选出一名代表介绍自己所在村的村庄特色。

一位来自龙门村的学生介绍了鸣凤堂文化传承基地和亲水节等文化特色，其余几组也相继介绍了钱江源国家公园周边各个村庄的自然风貌、人文美食等特色，全然以孩子的视角道出了国家公园之美。

接着，老师拿出白鹇标本，对照着《咱们的国家公园——钱江源国家公园》乡土教材，以国家二级重点保护野生动物白鹇为主题，引领学生们认识了国家公园的

《咱们的国家公园——钱江源国家公园》校本教材走进校园，让学生们了解钱江源国家公园知识的同时也欣赏到钱江源国家公园的生物多样性之美。

珍稀濒危动物，通过趣味的互动将"生物多样性保护"理念传递给学生，丰富的自然知识显然博得学生们的好奇心，学生们听课格外认真。

生态保护从娃娃抓起

为了让学生们了解国家公园相关知识，同时能欣赏到钱江源国家公园的独特之美，钱江源国家公园管理局于 2019 年年初组织编写了《咱们的国家公园——钱江源国家公园》乡土教材。

教材以自问自答的方式，系统介绍了什么是国家公园、国家公园的发展历程、中国国家公园体制试点进展、钱江源国家公园体制试点区概况、钱江源国家公园体制试点区森林群落及主要的动植物资源，最后以"我能为国家公园做什么"为题，引导同学们树立绿色意识、参与绿色实践、传播绿色能量、代表绿色精神，并向同学们发起"国家公园志愿者"召集令。整本教材图文并茂、内容丰富、可读性强。

这本寓教于乐的乡土教材，如今早已被齐溪镇中心小学用上了。他们于 2019 年 4 月在校园设立国家公园自然课程。从此，每天上学，齐溪镇的孩子们书包里总会放着这本具有特殊意义的"课本"。

齐溪镇中心小学校长吴章德介绍："从 2019 年开始，我校每个班每周都有一节国家公园课程，将国家公园基础知识引入课堂，保护生态意识要从娃娃抓起。"

除了国家公园课程外，齐溪镇中心小学还先后开发了"寻找身边的最美""我与动植物共成长"等实践类校本课程作为国家公园课程的拓展延伸，进一步强化学生的国家公园理念，让学生从小树立自然保护意识。

学校结合 3~6 年级学生在不同年龄段的特点，设置不同教育目标：3 年级认识校内植物（校园内有珍稀植物盆景园和最美纪念林）；4 年级认识动物（主要在野生动物保护日，由相关机构选送动物标本进校园科普）；5 年级种植养殖（在校园内绿化和养蚕）；6 年级取水检测，因校园三面环水，取水方便，每周取样本，做些简单的沉淀、过滤、pH 试纸测定等实验，并与当地相关部门合作，让孩子们对数据参与统计分析。

吴章德说："我们还依托校园内 20 余亩劳动实践教育基地，针对不同季节的变化，开设不一样的劳动课程。"

齐溪镇中心小学还借助中国美术学院雄厚的师资力量和丰富的美育教育资源，每个月末的周五为该校师生进行美术教育与辅导。如今，孩子们寥寥几笔就能画出一朵美丽的兰花，"只有亲手拿笔画了，我才真正验证课本里关于翠鸟的外形特点和生活习性、关于兰花的结构及其灵动的气韵。"学生如是说。

学生对这样的课程自然是很喜欢，在熏陶之下也渐渐变得自信起来。记得一位 10 岁女孩所作诗中的描写："萤火虫散发出淡淡的光，照着我走在通往月亮的路上。"多么浪漫而真实的文字，给人以无限遐想，这分明是孩子们在大自然中发觉自己拥有了可以发现美的本领。

正如法国教育家卢梭所说："应该是自然教育孩子，而不是学校教师用正规的教育方法教育孩子。"

感官体验，使自然与人文更加立体化

其实，大多数孩子并不了解他们所生活的环境里有什么动植物，而国家公园正好给了孩子们一个了解自然的机会。热爱的前提是了解，有了热爱，就会去保护，就会使孩子们热爱自己的家乡，热爱自己身边的国家公园。

除了课堂教学，齐溪镇中心小学还会利用各个环保纪念日，组织学生走进钱江源国家公园展示厅和现场，结合感官体验，对遇到的生态系统、野外动植物和自然现象进行讲解直至学生们深刻了解。"原来钱江源国家公园里有那么多珍稀动物"，参观时，孩子们的眼里不时流露出惊奇的目光。孩子和动物之间，似乎有着天然的联系，千变万化的动物世界总是能够引起孩子的注意，孩子总是充满了对不同种类动物的好奇心与探索兴趣。原来，钱江源国家公园管理局出资在校园内建设了"钱江源国家公园展示厅"，通过陈列的图片和标本，让浏览的学生全面了解钱江源国家公园的自然风光和生物多样性。每年 5 月 22 日国际生物多样性日这一天，钱江源国家公园管理局还会联合有关部门开展"动植物标本进校园"科普活动。这是个寓学于趣的最佳选择，能起到进一步延伸自然保护理念的作用。

除此之外，齐溪镇中心小学还将野外环教点和生态教育路线作为自然课堂的授课点，开展"我以我笔画秋天"秋游、"我以我手飞纸鸢"踏青和"巡河护水我争先"等一系列活动，组织学生深入钱江源国家公园范围内的齐溪镇齐溪村沿溪一带，通过双眼观赏四季来记录家乡的美好风景，通过捡拾垃圾和垃圾分类放置净化自然，激发学生热爱家乡、热爱大自然的情感，培养孩子们节约用水、关爱水资源的环保意识。这样的活动，能使年幼的孩子学会运用感官体验得到最真实的环保体验，让钱江源国家公园的生态教育和人文特色更加立体化。

实践证明，自然课堂是生态的、和谐的课堂，书本和教材不是学生获取知识的唯一渠道，课堂也不应局限在教室内，而是要让学生更多地走进大自然。也只有这样，自然教育才能事半功倍。

在自然课堂中，老师无疑是学生学习活动的组织者、引导者和亲密伙伴，扮好老师的角色，对于自然课堂的教学至关重要。吴德章说："从与钱江源国家公园管理局合作的教学过程来看，我们必须把学生当作探索自然奥秘的'访客'，使学生在'旅途'中，不单获得知识，更可以获得智慧、获得平静、获得丰富的人生。"

在开化，在钱江源国家公园范围内，长虹、何田和苏庄等乡镇的 7 所小学都已经设立国家公园课程，并且国家公园课程正在逐步向全县小学推广。这些学校有很多像吴校长这样有温度、有情怀的教育工作者，他们在成就自己的同时，也推动着钱江源国家公园自然教育的变革和发展。

"钱江源国家公园"电视频道开播了

朱寅

在开化采访时，我们十分惊讶地听说，钱江源国家公园居然拥有一个属于自己的电视频道！据了解，全国所有的自然保护地中，能有这般"排面"的，仅此一家。

来到开化传媒集团采访的时候，正好遇上了《国家公园播报》的录制。

只见女主持落落大方地站在一面朴素的背景墙前，字正腔圆地播报新闻："农田地役权改革是钱江源国家公园体制试点的创新举措之一，在全国尚属首例。在不改变土地权属的基础上，通过建立科学合理的地役权补偿机制和生态产品价值实现机制，引导原住民转变发展模式和生产方式，促进钱江源国家公园自然生态系统的原真性和完整性保护。"

不经意间，原本朴实无华的背景墙，居然多出来许多五颜六色的花草树木，主持人仿佛是在一片原始森林中向观众们播报新闻。原来，这是虚拟背景。

这段时间，钱江源国家公园正在开展农田地役权改革的试点工作，开化钱江源国家公园电视频道通过节目全力配合，宣传这项政策。

相关调查表明，当国家公园范围内及周边地区的社区居民越熟悉、知晓国家公园的情况和政策，就越能够提升社区居民的满意度和认同感，越容易支持国家公园的建设和发展。因此，加强环境教育，刻不容缓。不同的环境教育，侧重点不同，比如，环境知识教育，重在宣传环境政策、传播环境知识和技能；环境价值教育，重在使目标人群关心和保护环境，重构社区居民对环境的价值和态度。

开展环境教育过程中，一般可以通过与媒体、学校等不同平台的合作，向民众、

钱江源国家公园频道正式开播

学生等不同受众传播，非政府组织、企业等社会团体可以做相关支持。

钱江源国家公园管理局因此动了创办一个电视频道的念头。

参与频道初创的开化传媒集团办公室主任周瑜回忆，2018 年下半年，当时的钱江源国家公园管理委员会与开化县广播电视总台进行了多次协商，经县委、县政府同意，决定共建一个专业的钱江源国家公园宣传频道。

频道以"主题专一、特色鲜明、编排科学、内容鲜活、涉及面广"为定位，全面展示钱江源国家公园在试点过程中的工作动态、政策法规、成果成效、美景风光等。经过半年多的筹划，6 次节目播出时间调整，十余个片头方案的修改，4 个多月的包装渲染，10 多个风光插片及公益广告的创意制作，2019 年 4 月 18 日，钱江源国家公园频道终于正式开播。

据周瑜介绍，开化电视台（KHTV）是开化本地的有线电视，共有 3 个频道，分别是新闻频道、电视剧频道和图文频道。钱江源国家公园管理局与开化电视台合作，电视剧频道拿出每晚 20 时至 24 时的四小时黄金时段，次日分时段重播，目前每天保证 8 个小时的节目量。"为了保证节目质量与播出效果，台里拿出最好的时间段和最优秀的记者、编导、主持人给了钱江源国家公园频道，随着钱江源国家公园工作的日益进展，节目时长也将会相应增加。"

钱江源国家公园频道大容量播出与钱江源国家公园有关的新闻、专题、公益广告、综艺节目、纪录片、影视剧等内容。同时，在其他时段，也将围绕国家公园主题进行合理编排，形成密度高、周期长的宣传态势，为钱江源国家公园体制试点创造更好的舆论环境。

《国家公园播报》和《国家公园阅览》是频道最重要的特色节目。前者是新闻栏目，采取主持人站播的形式，宣传国家公园的重大政策和新闻事件，时长10分钟，每周二、四、六更新，每天滚动播放3次。这个节目不仅仅在电视台放，还会在国家公园现场以及开化的各大广场电子屏上播放。

《国家公园阅览》的内容则比较丰富活泼，包含纪录片、访谈、专题报道，等等，"可以是自制的节目，也可以是从外面电视台如央视购买的节目。比如《寻踪三古》，是我们自制的大型纪录片，每期15分钟左右，深入寻访开化最具代表性的古村、古树、古道，带你走、带你游，展现国家公园最具魅力的生态风情、人文风物，可以说是现在频道里最受观众欢迎的节目了。"

值得一提的是，尽管播放时间是八点黄金档，频道的所有广告全部都是与国家公园有关的公益广告，没有任何商业广告。

钱江源国家公园一直试图通过影音媒体建设，从视觉和听觉两方面塑造国家公园形象。国家公园频道开播后，通过高强度的广播电视媒体宣传，大大强化了国家公园在开化县域内的影响力。很多观众，包括开化本地百姓，通过国家公园频道这个窗口，知道、了解、关心国家公园，甚至改变了自身的环境观念。

走进我国首座国家公园主题科普馆

宋春晓

笔者曾在一个天气晴朗的夏日去往古田山，并感受了古田山的夏夜。

古田山的天空分外蓝，满眼的绿意望不到边，来自丛林的凉风让这里的温度比县城低一些；傍晚，从山谷望出去，遥远的天边依稀可见的粉紫色晚霞有些浪漫；而到了晚上，丛林里传来蝉鸣鸟叫，夜空犹如换上了凡·高的《星月夜》，满天星辰在幕布下忽闪忽闪的，遥远而纯净。

一切都是纯天然的样子，我们从哪儿经过，仿佛都是一种惊扰。听钱江源国家公园管理局自然资源与规划处处长余顺海说，要在国家公园外围的古田山入口处建设一座以展示钱江源国家公园生态系统为主题的国家公园科普馆，我始终想象不出它的模样。

藏筑于山，体验于林

"我们科普馆的建筑是由中国美术学院风景建筑设计研究院设计的，采用的是全覆土结构。可以简单理解为从山体挖进去，把我们的科普馆造好以后，再把泥土覆盖回去。等于说科普馆在山体里面，假如你从高空看下来，几乎看不到这个场馆，你看见的依然是山体、植被。"余顺海这样描述钱江源国家公园科普馆的建筑理念。

覆土建筑指的是以土、石、木等作为材料，与大自然密切联系着的建筑。这是建筑学中新兴而又古老的一门学科，它伴随着环境科学发展起来，和以保护自然环

科普馆效果图

境为宗旨的生态建筑学有密切的关系，却又有着极其古老的历史。从古代的穴居、窝棚，到石窟、古城，以及北方的下沉式窑洞民居等，人们为了空间的最大化利用或是抵御恶劣的自然环境，早已以各种建筑形式实践了覆土结构。

　　钱江源国家公园科普馆的建筑设计团队以生态性和可持续性为建筑理念，实地考察当地的地形、地质、地貌，最终确定了全覆土结构的建筑形式。这里的原始自然山体延续占满基地，有 10 多米高差。于是，设计团队利用现有地形落差，在山体中置入主要展览空间和办公空间，恢复原始自然景观地貌，将观赏和科普架空于山体之上，设计亲近自然的体验式观赏流线，最终设计出占地面积 4910 平方米，总用地面积 15160 平方米的建筑，并实现建筑与自然环境的和谐共生，达到"藏筑于山，体验于林"的设计效果。

探秘丛林，追逐文明

　　除了建筑设计，布展方案更是科普馆建设的核心内容。正是有了浙江自然博物院院长严洪明及其团队的悉心指导，有了中科院植物所、浙江大学生命科学学院等一批科研院所和博物馆专家的系统策划，才使得钱江源国家公园科普馆有了自己的个性和特色。

近年来，随着博物馆游的兴盛，全国各地的自然博物馆同质化严重，大部分的生态类博物馆，都以展现全球、全人类的生态环境为主。余海顺认为，很多博物馆以展现非洲、美洲、南极洲等各大洲的生态圈为主，没有自己的特色，但钱江源国家公园科普馆的地域性非常明显。"我们展示的是我们自己的生态系统，所以最大的核心展厅就是展示我们主要的植被群落类型。我们把一片森林模拟搬进展馆，场景是浓缩的。比如，把钱江源国家公园比较有代表性的有特色的 10 个亚热带丛林的典型群落（原生林群落、次生林群落、江源湿地群落等），通过还原的方式来展现钱江源国家公园生态系统的多样性。所以，我们又称钱江源国家公园科普馆为'亚热带丛林里的奥秘'。"

"丛林探秘"是钱江源国家公园科普馆的核心展厅，布展面积超过 900 平方米。访客不仅可以在这里了解到钱江源国家公园的森林类型；认识钱江源丰富多彩的珍稀植物，比如，"植物消防员木荷""森林蔬菜苦槠"；了解钱江源的新物种蚁墙蜂；还可以在场景里近距离观察黑麂、白鹇、白颈长尾雉、黑熊等钱江源国家公园的明星动物，了解它们的生态特征、历史故事。这里将成为访客全方位了解钱江源国家公园整个生态系统最直观的平台。

除了"丛林探秘"展厅，全馆还有"全球速览""潮涌中国""我是亚热带""科

浙江省自然博物院院长严洪明（中）一行现场指导

科普馆布展设计与施工一体化工程初步设计方案研讨

"生命聚会"场景

学探索"等展厅和场景,从国家公园的起源到钱江源国家公园试点的实践成果,我们都可以在这里找到答案。

感知场景,身临其境

围绕"常绿阔叶林"这一核心资源,钱江源国家公园科普馆构建起逼真的森林生态系统复原场景,辅以飞泉瀑布、碧湖龙潭、潺潺溪流及中亚热带生物物种,展示亚热带常绿阔叶林生态系统及其物种多样性,特别是其中的珍稀濒危物种,引导观众开启一趟从户外到户内、从宏观到微观、从实景到虚拟、从天空到地面、从高

原生常绿阔叶林场景

等到低等，多视角、多景观的身临其境的森林神秘之旅。

科普馆的另一意义，是结合教育部等 11 部委联合开展的中小学生"研学旅行"计划，开展具有钱江源国家公园特色的生态科普教育，让更多的青少年和访客深入、互动地了解相关自然知识，更好地体验、欣赏大自然之美，更好地支持、参与生态环境保护和宣传。

钱江源国家公园科普馆里的许多身临其境的场景，最能体现互动性，唤起访客

参与的热情。"你以为你真的吃过果实吗?""你看过的花是真的花吗?""南酸枣,真的是南方的酸枣吗?"通过问答的形式,科普馆缩短了与访客的距离,访客获得了更多的参与感。此外,这里还有"动物们的一天",通过记录白颈长尾雉、黑麂、黑熊等钱江源国家公园动物们的一天,让访客或是研学学生能够清楚地了解动物的生长习性。手工室则增强了研学学生的动手实操能力。结合动画、VR、AR等多种数字技术的效果,让访客身临其境,最大程度地获得沉浸式体验。

其中,最有特色的体验平台非森林塔吊的感知场景莫属。钱江源国家公园现有的森林塔吊的臂展有 60 米长,上面挂着一个搭载科研人员的工作轿厢,既能水平延伸又可垂直起降,还可以360°转动覆盖超过约 1.13 公顷的林冠。届时,通过与虚拟现实技术结合,访客将在室内感受到在森林塔吊观测一望无际的亚热带常绿阔叶林,还可以模拟操作塔吊上下,感受身临其境的科学体验。

而杀猪敬鱼、古田保苗节、国家级非物质文化遗产苏庄草龙等开化当地民俗文化的点缀,无疑为科普馆增加了人文趣味。追溯开化的历史文化,我们也可以从中寻找到开化先民对于生态理念的认知。

以全覆土结构的建筑形式,钱江源国家公园科普馆由内而外体现了先进的生态文明理念;以钱江源国家公园的常绿阔叶林为核心景观,这里成为地域特色鲜明的独一无二的科普馆;以科普教育和生态旅游为宗旨,钱江源国家公园科普馆将被打造成我国最重要的研学教育基地之一。它是展示钱江源国家公园生物多样性的一个窗口,更是热爱生态旅行的人们不可错过的一站。

建设中的珍稀植物园

林浩

　　2020 年 7 月 27 日上午，钱江源国家公园珍稀植物园（一期）项目顺利通过初步设计评审会。

　　珍稀植物园项目由杭州市园林绿化股份有限公司（浙江理工大学风景园林研究所）设计，主持设计工作的卢山教授曾主持"2019 北京世界园艺博览会"浙江展园的方案设计，并最终获得国际竞赛的最高奖项。

　　该项目主要以"亚热带常绿阔叶林"为主题，通过沿线布设珍稀濒危植物及群落，配合景观、科普、休闲等功能打造，建设一个开放式的珍稀植物园。届时，访客们可以与这些平日里难见踪影的珍稀植物来个亲密接触。

　　珍稀植物园的选址，就在科普馆的周边，与中科院植物研究所钱江源森林生物多样性野外科学观测研究站融为一体。

　　根据一期的初步设计，珍稀植物园收集植物共 249 种。其中，选用钱江源国家公园珍稀植物 23 种，包含乔木 19 种，分别是金钱松、南方红豆杉、银杏、毛红椿、凹叶厚朴、厚朴、紫茎、黄山玉兰、鹅掌楸、连香树、香果树、青钱柳、深山含笑、野含笑、乳源木莲、乐东拟单性木兰、花榈木、闽楠、浙江红山茶；地被 4 种，分别是狭叶重楼、七叶一枝花、曲轴黑三棱、金刚大。选用浙江珍贵树种 15 种，分别是榉树、黄连木、枫香、浙江柿、石栎、木荷、浙江樟、刨花楠、紫楠、红楠、栲树、苦槠、甜槠、赤皮青冈、青冈。每一种植物都依照标识标牌体系有相应的文字介绍。

高鼻羚羊
SAIGA ANTELOPE

1950 年灭绝

灭绝动植物纪念碑意向

　　不仅如此，珍稀植物园内还将设置一排倾斜的石碑，每块石碑上都刻有一种世界上已经灭绝的动植物名称和灭绝时间，最后一只有力的大手挡住了灭绝的道路，意在提醒人们从我做起、从现在做起，保护好人类赖以生存和发展的生物多样性基础，不让野生动植物在我们的"手上"灭绝，不让我们的子孙后代只能在博物馆里才能见到它们。

　　该项目的建成，将与钱江源国家公园科普馆、中科院植物所钱江源森林生物多样性野外科学观测研究站形成完美的组合，使钱江源国家公园的自然教育更加系统化和立体化。

未来的高田坑暗夜公园

宋春晓

高田坑暗夜公园位于开化县长虹乡高田坑，海拔高度近700米。

什么是暗夜公园？

随着科技的发展，电灯的种类越来越多，也越来越先进，让人类的夜生活变得丰富多彩，但也夺走了黑夜本来的样子。

在动物、植物保护的同时，"暗夜"保护也受到越来越多的关注。

国际暗夜保护计划是由国际暗夜协会、世界自然保护联盟等国际组织发起的行动，目的是在全球范围内评选出一些暗夜条件绝佳的地方，旨在为我们也为后代留下欣赏和观测夜空的地方。

暗夜保护地分为三大类，分别是暗夜城镇、暗夜保护区和暗夜公园，这些暗夜保护地被收入《世界暗夜保护地名录》中，目前全球已有超过230处。

在最新版本的《世界暗夜保护地名录》中，我国仅有西藏的阿里和那曲、江苏盐城黄海湿地野鹿荡、山西洪谷、江西葛源、河北照金6个成员。

高田坑是长虹乡真子坑村的一个自然村，坐落于海拔600多米的山上，是开化海拔最高、保存最完整的原生态古村落，也是长虹乡最偏远的

> **▲专家点评**
>
> 2014年9月和2015年3月，杭州天文爱好者协会2次来到高田坑考察，综合评分90分，认为长虹乡的高田坑是浙江省内为数不多的优质星空观赏地：零光害，无雾霾，观测条件极佳，非常符合暗夜公园的标准。

一个山村。

钱江源国家公园管理局将联合长虹乡政府，依托高田坑优越的地理环境和气候条件，积极开展"暗夜公园"的申报，并将为此打造一个融天文观测、科普教育为一体的暗夜星空科普教育基地。

"广袤宇宙"场景效果图

未来的高田坑暗夜公园主要分为 4 个功能区块：天文科普馆、露营观测基地和平顶远程天文台、蛙式远程天文台、射电望远镜。其中，天文科普馆占地约 810 平方米，包括星空摄影展区、互动体验区、科普知识展区。

以暗夜星空为主题搭建科普教育展示平台，使访客通过观星活动，近距离领略星空的美丽，必将对保护优异的夜空资源、创造良好的夜空环境产生重要影响，并使钱江源国家公园的自然教育活动变得更加丰富多彩。

天文馆效果图

伍

社区共建

让社区成为国家公园的建设者和受益方

朱寅

下了黄衢南高速钱江源收费站，迎面而来的是一排排依山而建的崭新民居，这里是开化县齐溪镇左溪村的"新村"。

左溪村位于钱江源国家公园的入口，共有农户 202 户，人口 612 人，以茶叶精制、毛竹加工、民宿及外出务工为主要收入。村域面积 8.5 平方千米，其中大部分林地已通过地役权改革交由钱江源国家公园管理局监管。

左溪村还是一个移民村，村民以前住在现在齐溪水库的位置，八十年代造水库的时候搬迁到现在的村址。30 多年过去，开枝散叶，当年的孩子成家立业，一幢房子里住了祖孙三代四五户人的情况十分常见。住新房，是左溪村村民不断追求的梦想。

如今，在与老村一街之隔的山脚下规划建设的 60 幢民居，圆了村民的住房梦。2019 年年底，第一期 20 户村民已经搬进了新房。

规划中，新村的中心将建设一个"农副产品交易中心"。"我们村的土特产在开化都挺有名气的：番薯干、白菜干、笋干、茶叶、有机大米，还有各色水果，比如八月炸（又称野香蕉）、猕猴桃、甜柿，等等。村子就在高速出口的地方，是去钱江源国家公园的必经之地，等这个农副产品交易中心建成，整个齐溪镇的农副产品都可以放到这里来交易，既方便了客商，又给农民增收！"左溪村村主任汪耀金说起未来，非常兴奋。

建设这个农副产品交易中心的 200 多万元资金，来自钱江源国家公园管理局的

资助。不仅如此，2018—2020 年，钱江源国家公园管理局先后为左溪村提供约 340
余万元资金，用于建设新村的污水管道、上线下地、新村护栏、村文化广场等基础
设施和民生工程。

告别了左溪村，行驶在春光明媚的乡间公路，蜿蜒曲折之间，却没有丝毫的颠
簸之感，这得益于现代化的公路交通建设。路的两边种满了水杉，地上还遗留着些
许落叶。往车窗外望去，青山迢迢，空气中也跳跃着欢快气氛。不多久，车子就把
我们带到了另一个名副其实的小村子——桃源村。这个原本"藏在深闺人未识"的
小村子，也是钱江源国家公园社区共建政策的受益者之一。

整个村子被群山环抱，一条清澈的溪流横穿而过，高低错落的民房就点缀在溪
流的两侧。溪水清澈、鱼翔浅底，呈现出"人在岸上走，鱼在水中游"的和美景象。
两旁整齐的石板路面、青石栏杆，建设资金也都是来自钱江源国家公园管理局。

顺着青石板路一直往村中心走去，眼前出现了一条亲水长廊。长廊建在水边，
飞檐翘角，古色古香。长廊的对面，是一幢白色的建筑，这就是村里的办公区域，

秋日的齐溪村，"柏"是这么美

污水处理设施实现行政村全覆盖

新建的村级办公场所

也是文化礼堂。文化礼堂前面有一个广场，广场上有篮球场，还有秋千等健身器材，最显眼的，是一块巨大的液晶显示屏。这是钱江源国家公园管理局为管辖范围内的每个村定制的宣传教育大屏。平时除了播放国家公园的宣传教育片，提高群众的生态环保意识之外，还会播放一些电视剧、戏剧等群众喜闻乐见的影视节目，丰富老百姓的精神生活，深受村民们的喜爱。

　　素有"江南布达拉宫"之称的台回山和江南最美茶园的中山堂茶园，也位于桃源村境内，生态旅游和茶叶经济让村民们的口袋渐渐鼓了起来。得益于钱江源国家公园管理局的资金支持，台回山依托原有风景，改良了游步道，设置了亲水平台，访客可以和山泉清水亲密接触，可以沿着茶农的脚步，上山参观江南最美茶园。

桃源村村支书范家兴是大文学家范仲淹的后裔，说起钱江源国家公园的好政策，他异常激动："我们从这里往西步行1小时就到江西省境内，往北步行4小时就到安徽省境内，这里是浙皖赣最古老的生态屏障。真山真水真空气，原汁原味原风情……得益于钱江源国家公园地役权改革，台回山如今种上了生态水稻，实现了人人有事做、家家有收入，'绿水青山就是金山银山'的道路越走越宽广，我们幸福地生活在国家公园里，更要爱护国家公园、管好国家公园，做国家公园的忠诚卫士。国家公园万古长青！"

左溪村和桃源村的变化，正是钱江源国家公园所涉村庄"旧貌换新颜"的缩影。

钱江源国家公园体制试点区共涉及21个行政村，人口近万人。长期以来，这

国家公园大道沿线的动物雕塑

里的人们在与自然的朝夕相处中，逐步形成了相得益彰的生产生活方式和丰富多彩的文化底蕴。生物多样性和自然景观，已经和当地人们的生产生活、文化实践构成了一个紧密的整体。

钱江源国家公园体制试点的一大关键在于社区，既不能一味效仿荒野化的无人区保护地治理模式，更不能将当地社区排斥在自然资源管理之外，而是要充分调动社区居民的积极性和主动性，让社区成为国家公园的建设者和受益方。

2018 年至 2020 年，钱江源国家公园管理局每年都要从浙江省人民政府设立的每年 1.1 亿元专项资金中安排 2000 万元，3 年共计 6000 万元，用于改善社区居民生产生活条件。为此，钱江源国家公园管理局、开化县财政局还联合印发《钱江源国家公园体制试点区乡村整治风貌提升建设工程项目和资金管理办法》，规范项目申报的流程，明确资金申拨的资料，制定项目验收的标准，确保资金使用的安全和绩效。

此外，钱江源国家公园管理局还安排专项资金 750 万元，用于所涉范围内 3 家卫生院和 7 所农村学校的基础设施改造，切实改善当地居民的医疗和教育条件。开化县卫健局公共医疗资源服务中心主任方正伟介绍："2019 年，钱江源国家公园管理局安排了 312.3 万元资金，用于乡镇医疗体系提升。利用这笔资金，钱江源国家公园所涉乡镇各卫生院先后购置了 DR、监护仪（胎心、病人）、心电图机、黄疸检测仪、中医牵引床、中医治疗仪、骨密度仪、血压仪等医疗设备；苏庄镇卫生院等 3 家卫生院完成了整体环境提升工程、医疗污水处理工程建设；何田乡田畈村等 7 个村卫生室设备得到升级、环境明显改善；余村村卫生室的余加宾等乡村全科医生还被安排到上级医院进修，等等。可以说，这笔钱虽然不多，但极大改善了所涉乡镇卫生院的就医条件，老百姓实实在在得到了实惠。"

三年间，钱江源国家公园管理局累计投入社区项目资金多达 1.8 亿元，涉及 4 个乡镇的 21 个行政村。这些项目

修旧如旧的古驿道

▲专题研究

2020 年 8 月,一项由同济大学教授吴承照（后排左二）领衔开展的《钱江源国家公园入口社区和特色小镇建设概念性规划》结题。未来,钱江源国家公园管理局将联合开化县政府,在落实最严保护措施的基础上,将国家公园毗邻区域打造成基于国家公园品牌的生态教育、生物科技、生命康养的"三生"门户小镇和入口社区,着力把国家公园生态价值转化为地方发展的生态动力。

不仅大幅提高了居民的生活质量、促进了乡村振兴,而且通过直接或间接参与社区项目建设,使居民工资性收入明显增长。

除了直接投资,钱江源国家公园管理局还通过设置公益岗位帮助居民增收。截至 2020 年 8 月,已招募专（兼）职巡护员 97 人,提供社区管理、科研监测等公益岗位近 200 个,所有从业人员均为当地社区居民。这些公益岗位每年为社区居民增加约 600 万元收入。

2017 年,试点区长虹乡、齐溪镇、何田乡、苏庄镇农村常住居民可支配收入分别为 13931 元、11093 元、14232 元、15110 元。到 2019 年,四个乡镇居民可支配收入分别达到 16979 元、13828 元、17566 元、18059 元,年均增长分别为 10.1%、11.1%、11.0%、9.3%,普遍高于全县平均水平。

钱江源国家公园管理局副局长方明表示:国家公园与所涉社区是"命运共同体",在强调"生态保护第一"的同时,理应全民守护、全民参与、全民共享。社区参与有利于民主决策、民主监督,提高公众满意度,进而培养公民的主人翁精神和国家忠诚。

建好国家公园,绝不意味着让老百姓守着绿水青山过穷日子。"一方面,我们要注重传统文化的传承与发展;另一方面,我们还要鼓励社区营造美好环境,引导社区适度发展生态产业。为此,我们牢固树立'原住居民为本'的建园理念,通过社区共管、共建、共享三条路径,打造命运共同体,在落实最严保护措施的基础上,让社区居民共享生态红利。"

绿色发展协会让"两山"之路越走越宽

王行云

本书前文曾详细阐述了钱江源国家公园农田地役权改革试点的情况。

这种使"保护"与村民的收益、乡村的繁荣紧密相连的绿色发展模式，给企业、农户带来了极大的机遇和实惠。

无论是生产主体还是经营主体，他们在种植收割稻谷和经营销售大米过程中，所获得的改革和生态红利，不仅仅是生产单位产量和销售额的增加，还是对自然资源的科学保护和合理利用，更是产业结构升级和技术更新。

"这是我们国家公园以地役权改革和绿色发展协会等形式推动社区产业绿色发展，提高生态保护和利用效率的创新举措。"钱江源国家公园管理局社区发展和建设处副处长凌素培说，"绿色发展之路是多方多赢的道路。利用'绿色发展协会'这个抓手，钱江源国家公园充分调动起了社会力量参与国家公园建设的积极性和主动性。"

打通"绿水青山就是金山银山"转化通道

"钱江源国家公园绿色发展协会的组建，充分考虑了钱江源国家公园内社区共建和发展的需要，在破解生态保护和发展难题的同时，我们一直在寻找切入点，探索如何通过一个抓手来使劲，把园区内的'二茶两中一鱼'五大产业做强，从而推进品牌建设，助推乡村振兴，最终打通'绿水青山就是金山银山'转化通道。"

2020 年 7 月 22 日，开化县钱江源国家公园绿色发展协会成立暨第一次会员大会举行。大会宣读了《准予成立开化县钱江源国家公园绿色发展协会决定书》，介绍了开化县钱江源国家公园绿色发展协会筹备工作报告，审议并通过《开化县钱江源国家公园绿色发展协会章程（草案）》《开化县钱江源国家公园绿色发展协会绿色发展自律公约（草案）》《开化县钱江源国家公园绿色发展协会会费管理办法（草案）》《开化县钱江源国家公园绿色发展协会第一届理事会选举办法》，同时选举产生第一届理事会常务理事、会长、副会长、秘书长、副秘书长。8 月 1 日，完成了协会登记注册，开化县钱江源国家公园绿色发展协会正式成立。所有会员在加入协会时必须签署自律公约条款，并严格遵照和执行。

该协会由热心钱江源国家公园生态保护事业的开化县林场、开化县文化旅游集团有限公司、开化县新农村投资建设有限公司、开化县古田山庄、浙江中兴粮油有限公司 5 家单位发起成立，会员单位包括经济合作社、企业、开化特色产业协会等具有广泛性和代表性的 35 家单位。该协会为非营利性社会公益组织，其主要宗旨是保护浙江母亲河钱塘江源头生态环境，同时加强生态文明宣传教育，把珍惜生态、保护资源、爱护环境等内容灌输给身边的人，使具有全球生物多样性代表意义的动物、植物和自然群落得以永续生存繁衍，维护人与自然和谐共生并永续发展。

当问及在协会成立过程中是否碰到发起单位或者成员单位响应方面的困难时，凌素培马上说："协会成立得到发起单位的大力支持，因为这些单位本身和我们是社区共建单位，好多工作是需要互相一起通力合作的，成员单位里就有 21 个行政

开化县钱江源国家公园绿色发展协会成立大会

开化县钱江源国家公园绿色发展协会
绿色发展自律公约

第一章 总则

第一条 为了充分发挥开化县钱江源国家公园绿色发展协会自律作用，促进钱江源国家公园人与自然和谐发展，依照国家、省市有关法律法规、规章制度和行业标准，结合钱江源国家公园实际情况，特制定本公约。

第二条 自律公约宗旨是保护浙江母亲河钱江源头生态环境，维护人与自然和谐共生并永续发展。

第三条 开化县钱江源国家公园绿色发展协会作为本公约的执行机构，负责组织实施本公约。

第二章 自律条款

第四条 遵纪守法，依法诚信经营。会员单位必须认真学习贯彻党和国家制定的各项方针政策，认真执行国家、省和市法律法规、规章制度、行业标准及规范，增强法制观念、严格依法经营、依法纳税，自觉接受政府相关业务主管部门和有关行政执法部门依法监督和管理。

第五条 强化自律，诚实守信。严格遵守"绿色发展自律公约"，自觉接受社会、行业监督和检查，严格做到信守合同、兑现承诺、公平交易、互助互信、共同发展。

第六条 增强生态意识，保护生物多样性。倡导绿色环保、健康文明的生活方式和行为习惯，严禁捕杀、食用野生动物。

第七条 转变生产方式，努力实现绿色发展。倡导生产经营全过程的绿色、低碳、环保，尽量不施用农药化肥，严禁使用草甘膦等剧毒农药，提倡使用物理杀虫方式、施用有机肥等生物肥料。

第八条 加强合作互信，实现共同发展。协会会员之间要在平等、互助、友谊、双赢的基础上，加强合作交流，共同协商和应对市场竞争的对策，不诋毁、损害同行业的形象和利益。

第九条 本公约作为钱江源国家公园绿色发展所需共同遵守的自律公约，协会会员单位要自觉遵守，开化县钱江源国家公园绿色发展协会监督执行。对违反本《公约》的会员，将依照自律公约的有关规定给予告诫、会内通报、媒体曝光、免除会员资格等惩罚；对有违法行为的建议并协助政府有关监管部门予以查处。

第十条 本公约由开化县钱江源国家公园绿色发展协会负责解释，自发布之日起实施。

台回山梯田

村的集体经济合作社，他们都明白，我们做的事情也是政府在为他们把方向、谋出路。"

产业协同与绿色发展有"钱途"

凌素培对协会的成立还有个美好的远景，她认为，协会的成立及其试点阶段的探索，是让老百姓知道，只要纳入这个体系，村集体和个体经济就能发展壮大起来，从而能吸引更多原住民回乡创业。村里不再会有这么多空巢老人，不会有这么多留守儿童在家，不会有这么多农村生活问题出现。特别是年轻的技术人才不用再在外务工，家乡绿色发展的创业环境和强大的政策扶持以及无限的发展空间，自然会吸引他们回家乡发展，为乡村振兴注入新的活力。

是啊，乡村这棵梧桐树有吸引力，自然引来更多的金凤凰。

长虹乡佳艺农场方进林就是一个典型的智慧型农场主。早年，他曾从事新闻工作，还在温州当过企业老总。2012年，带着对家乡的眷恋，方进林从开化得天独厚的生态环境中发现无限商机，于是，他谢绝待遇优厚的工作，回乡创办家庭农场，结合传统古法养鱼经验，开始清水鱼的规模化养殖。

除了养鱼，方进林的家庭农场还经营生产各种特色农产品并配以休闲观光、餐饮住宿等。2020 年年初，方进林又大胆地在台回山承包了 140 多亩土地，统一种上了有机稻米，参与到农田地役权改革当中来。

台回山桃源村有 100 多户人家，从山脚到山腰的房前屋后都是梯田，远远望去，颇有"江南布达拉宫"的味道。金秋时节，百亩梯田，满眼金灿灿，方进林不仅种出了风景，还收获了绿色发展的"钱途"。

方进林思路清晰，对生产生态稻米积极性很高，他兴高采烈地说："今天百亩稻田产销数据刚刚出来，收割稻子 7 万多斤，统一由'两山'集团按保底价 5.5 元每斤收购。"这块高山水稻生态种植田不使用化肥、农药和除草剂，产量明显减少，但有着家国情怀的方进林对绿色农业发展赞不绝口，"生态保护是长远的好事，生产大米就像养鱼一样，水清了，空气好了，土壤纯净了，产量、质量和收购都能保证，并且钱江源国家公园管理局还有地役权补偿每亩 200 元，今后还有我们国家公园自己的品牌，其生态效益是不可估量的，受益的肯定是我们老百姓，还解决了部分农村劳动力闲置，让大家可以在家门口挣钱。"

佳艺农场的原生态种植大米，也进一步证实，成立钱江源国家公园绿色发展协会，让绿色发展成为生动的实践，无疑是探索生态产品价值得以有效实现的最好路径。

"两条腿"走好绿色产业发展之路

目前，绿色发展协会主要通过"两条腿"走路，推动产业绿色转型和高质量发展。一是开展钱江源国家公园品牌集体商标注册工作，编制完成《钱江源国家公园商标注册方案》，并与某知识产权服务有限公司签署品牌商标代理委托合同、商标注册委托合同，钱江源国家公园品牌商标注册工作全面完成；二是将推动构建钱江源国家公园团体标准指标体系，编制《钱江源国家公园环境标准》《钱江源国家公园产品质量标准》以及《钱江源国家公园农产品溯源体系》等。

这些标准，看似还停留在字面上，但只要团体标准做出来，并能够在国家公园内推广，那么"两山"转化的道路就会越走越宽。要转化，首先是要提高产品的价值。如何提高产品的价值，那就是品牌。"通过品牌的集体商标来增值。所以，集体商标和团体标准，它们之间的关系是相辅相成的，也是相互渗透的，其目的是一致的，而且是可以同时开展的。"

任何事物都是在不断探索、不断创新中推进发展起来的，绿色发展协会也一样，凌素培满怀信心地说："接下来，我们将制定出台《钱江源国家公园商标特许管理办法》，并在今年试点生产生态大米的基础上，扩展产品范围，通过品牌的力量，提高产品价值，从而将生态产品优势更多更广地转化为经济优势。"

我们有理由相信，钱江源国家公园管理局能努力找寻到生态保护与绿色发展的结合点，兼顾生态保护和社区福祉的关系。生态要保护，生态也应当给老百姓带来红利。

凌素培对钱江源国家公园的未来充满着期待，她希望国家公园的原住民能够在国家公园里幸福地生活，也许一出门就会遇见野生动物，身边的路旁就是野生植物，可尽情享受大自然的乐趣，人与自然在这里和谐共生。

▲后记

　　截至 2021 年 10 月，钱江源国家公园管理局全面完成"钱江源国家公园""鹄栖"两个集体商标注册工作，钱江源国家公园品牌增值体系日臻完善。

野生动植物保护协会：
有温度的生命防线

宋春晓

轻轻推开虚掩着的门，一位面熟的大叔和几个小姑娘正在会议室召开一周的例会。如今正是野生动物繁衍生息的季节，动物幼崽找不到妈妈、失足落水、误打误撞去居民家里"作客"的事时有发生。对野生动植物保护协会来说，对动物的救助、收容、暂时的养护、放生等都需要做好万全的准备。

这位"面熟的大叔"便是开化县野生动植物保护协会的会长叶发门，协会人手不多，四五人的样子，却个个精神抖擞、热情洋溢。

一问之下，叶发门正是《美丽开化》杂志第一期采访"民间河长"的"男主角"。2017年，开化县心连心志愿者服务中心组建了开化县民间河长护河队，而叶发门既是开化县心连心志愿者服务中心的创始人，同时也是开化县民间河长护河队的组建者。同年，开化县心连心志愿者服务中心成立野生动物保护基地。后由于野生动物救助量大，于2018年12月底正式成立了"开化县野生动植物保护协会"（以下简称"野保协会"）。

科学救助，一丝不苟

凡接到野生动物受伤、迷途的群众举报，野保协会都会及时救助，登记举报者详细信息并根据《钱江源国家公园野生动物保护举报奖励暂行办法》予以奖励。2020年，全年共计救助国家一级保护野生动物3只，国家二级保护野生动物66只，省级重点保护野生动物30只，"三有"动物（有重要生态、科学、社会价值的陆生野生动物）168 只，共计发放奖励资金 4 万余元。对能正常活动的野生动物，野保协会会选择合适的环境进行放生；对受伤的野生动物及幼崽，由野保协会提供场地及人员对其进行治疗照顾，待适合野外生存再进行放生。

最常见的求助，通常是野生动物误入居民区。这些动物优哉游哉地在客厅、院子、办公室等地方"闲逛"，贸然靠近容易引起动物的恐慌，因此大多数居民会选择向野保协会求助。"市民家中飞入一只大鸟""村委会大厅来了一只疑似野鸡的动物"等诸如此类的救助非常常见，而这些，描述的都是同一种动物——白鹇。白鹇是国家二级保护野生动物，体型较大，误闯居民区很容易受伤。开化居民发现后都会第一时间向野保协会举报求助，最终工作人员在检查无受伤状态后将其带到野外放生，让它重归大自然。也有一些野生动物因为撞上玻璃、误食有毒的食物、掉进河沟等被人发现，工作人员则需要想办法进行解救。近年来，开化良好的生态环境和居民强烈的生态意识使动物与人实现了真正的和谐共处。

2019 年 12 月，开化市民余岳峰在自家客厅窗外看到一个疑似小鹿的动物在院子里四处乱窜。如果靠近，怕动物受到惊吓，他就在旁边静静观察。"它在院子里转来转去，还低头吃草，后来想找个出口，但边上四周都是挡住的，出不去，就在鱼池的假山上来回走动，一不小心就落到水池里面了。"发现它的市民余岳峰说。余岳峰想着将它打捞出来，但"小鹿"很怕人，发现有人过来，立即"狗刨式"地在水里使劲扑腾，加上鱼塘水深，动物又有一定的重量，家中没有打捞工具，余岳峰自己无法展开营救，于是他立即与县林业局和野保协会取得联系，请求救助。经工作人员确认，他家院子里的"不速之客"是小鹿。工作人员很快用渔网帮小鹿离开水面，待其体力恢复，在确保无受伤的情况下，便将它放生。

"市民发现动物有受伤、受困情况需要救助时，也需要谨慎一些，首先肯定是打电话给我们野保协会。一些你以为是'出手援助'的行为，其实可能会对它造成伤害。"叶发门告诉我们，五六月份正是幼鸟离窝学飞季节，有些幼鸟学飞时跌落，或者在草地上练习觅食。一些市民看到后，担心它们受伤，出于好心，会将小鸟送到保护站或派出所。其实这是典型的"好心办坏事"，被救助的小鸟很少能存活下来。因此，在他看来，在野生动物救助和保护的过程中，有一

救助的小鹿重回大自然

点很重要，那就是遵循最基本的自然规律。

科普宣教，一以贯之

合理、科学的救助才能更好地保护野生动物。这就涉及野保协会的另一项重要工作内容：宣传野生动物保护知识，引导正确的野生动物救助。在叶发门看来，生态保护、动物救助都是一个整体。3 年过去了，叶发门从"民间河长"变成了"野保协会"的会长，身份看起来发生了转变，但工作都是相关联的。他说："其实生态环境是一个整体。巡河、救助野生动物、宣传生态理念，这些都是相互关联的。而野保协会让野生动物的保护向专业化、科学化方向发展。"

他们借助开化县心连心志愿者服务中心的力量，深入持续推进野生动物知识的科普、野生动物保护观念的宣传。比如，在钱江源国家公园"清源"二号专项行动中进村摆放野生动物标本展览，帮助市民正确认识和辨别野生动物，并发起发放野生动物保护倡议书；有针对性地在各村庄停车站牌、学校、村委会等公共场所粘贴《保护野生动物告知书》；开展"让候鸟飞""爱鸟周""5.22 生物多样性日"等主题宣传活动，利用报纸、电视、微信公众号、网站、公告栏等线上线下方式，广泛开展宣传教育，等等。2019 年，野保协会共开展野生动物保护宣传活动 100 余场，发放野生动物保护宣传册 5000 余份、爱鸟倡议书 3000 余份，张贴标语 2000 余份。通过多层次、多角度、全方位的宣传教育，效果立竿见影。

野生动物标本巡回展览

说起前文提及的穿山甲救助放生的情景，野保协会的小姑娘们记忆犹新："刚开始它机警地蜷缩成一团，一动不动。我们把它一放到地面上，它就开始睡觉了，20 分钟左右，它睡醒了，见人走开了不少，就慢慢舒展开狭长的体形，四处张望，见人走近身前也并不逃跑，忽闪着黑眼睛，好奇地时而盯着对它拍照的手机、相机，时而嗅嗅脚下的树木枯枝，最终好像发现了什么，掉头向着山上急速攀爬而去。"张杏湘说，平时县里经常开展保护野生动植物的宣传教育活动，学校也经常开展，所以，他们家人都有很强的野生动物保护意识。"能够亲眼看到穿山甲被放归大自然，我们全家打心眼里特别高兴！"张杏湘说。

野生动物救助

因为热爱，所以坚守

从野生动物的救助、放生、保护宣传、肇事现场勘查，到协助打击非法偷盗猎，野保协会的事情很多很杂，但专职工作人员，除了会长叶发门，仅有 4 个 90 后的年轻姑娘。周芝君是 2 个孩子的妈妈，她说："我常常因为照顾这些小动物没有时间陪伴女儿而感到愧疚，但选择在这里确实又因为这是我的兴趣。"野保协会的工作虽是双休，但今年，她只在家过了个大年三十，从初一到十五，市场、乡下到处跑，平时也几乎没有周末。会长叶发门更是笑着自我调侃，他连大年三十也是在单位过的。他们都因为兴趣和热爱来到这里，但日复一日的琐事却需要足够的耐心和责任感。

不知道什么时候会接到救助电话，他们就要开着车去乡下把小动物接过来，也有很多公安机关的临时行动需要他们配合。与野生动物接触，危险当然是有的。这条路并不好走，没有参照、没有路标，只能摸着石头过河。所幸，他们摸索出的道路正在越走越顺畅：叶发门从几年前的民间河长变成了现在的野保协会会长；钱江源国家公园管理局提供必要的资金支持，并为每一位专职人员购买了人身保险；开化县全体市民保护野生动物的理念得到了很大的提升；2020 年 8 月，开化野生动物收容中心也正式成立了，100 多平方米的房子，三四个房间，受伤或者迷路的小动物也有了暂时的家园。

而他们的愉悦，在小鸟一次次展翅高飞的瞬间，也在小动物们奔向丛林深处的最后回眸里。

"中国清水鱼博物馆"的源起与使命

朱寅

西湖醋鱼是杭州最负盛名的四大名菜之一。

从南宋流传至今近千年，最正宗的西湖醋鱼，都是选用草鱼做的，"鱼不可大，大则味不入；不可小，小则刺多。"

杭州西湖国宾馆紫薇厅的招牌菜便是西湖醋鱼，然而多年来，西湖国宾馆始终在寻找品质更好的草鱼。直到2017年，在开化老乡引荐下，紫薇厅通过2个多月的试用，确定了可以完全替代传统草鱼的醋鱼原料——开化清水鱼。用开化清水鱼制作的西湖醋鱼一经推出，立刻赢得了各方食客点赞与好评。

开化的青山绿水，酝酿出了顶级的原生态食材。

在开化美食中，冠首之菜当属何田清水鱼。俗话说："水至清则无鱼"，但何田乡的至清之水却能滋养最鲜美的鱼儿。

自古以来，何田人便有在房前屋后，挖坑筑塘养殖清水鱼的习俗。当地老百姓有句待客的口头禅：山坞里，没好菜，抓条活鱼把客待。何田乡的清水鱼在县志上也有记载，二十多年前，还上过《中国农民报》。

何田乡禾丰村淇源头自然村是古法养殖清水鱼历史最悠久的村落之一，整个村落由一条无名清溪将房子自然分隔在溪流两边，民房依溪而建，转曲错落。村落古香古色，沧桑而幽静。小溪清澈见底，溪底的石子清晰可见，岸边嫩绿的草随风摇摆。

这里家家户户都有鱼塘，养鱼的水就是来自这条溪水，塘底与河床相通。村里的先人智慧地给鱼塘开了进水和出水口，泉水一进一出，长年不断，常换常新。池塘旁多有树，延伸出的枝丫成了鱼儿天然的遮阳伞。风带来的种子落在塘檐或塘壁上，随意生长出不知名的花草，自然妆点了一池活水。

清水鱼的生长环境，可以说相当"奢侈"——早晨云雾蒸腾犹如仙境，中午阳光穿过清透的河水，蓝天白云倒映在水面上。

淇源头自然村的这种独特养鱼法被称为"古法"，是历史悠久的开化山泉流水养鱼系统的代表。相传这种养鱼方法是由唐代寺庙的放生池衍变而来。放生池最初的功能是将鱼放生，之后历经千百年演变，形成了独具特色的山区山泉流水养鱼方法。据开化县何田乡《汪氏宗谱》记载，北宋咸平年间（998—1003），汪氏始祖带全家自徽州婺源迁徙至何田乡盘溪而居，主要分布在现在皂角村、高源村等地。汪氏始祖本为贵族，好读书修心、养鱼养性，于是"塘开一鉴"。由此推算，开化山泉流水养鱼具有超过千年的历史。

据1988年《开化县志》记载："明末清初，本县就有人在河边、田边、路边、山坑边、房屋内挖土砌石成池，引入溪水、山坑水或泉水养鱼。鱼池面积7~20平方米，水深 0.3~1 米，设有进、出水口。"由此说明，明清时期山泉流水养鱼在开化境内已经普遍出现。随着这一生产模式的盛行，当地还逐步形成了过节吃鱼、中秋送鱼、民俗活动中展示鱼等民俗。

千百年来，当地劳动人民利用山地溪流资源在房前屋后或溪边沟旁建造流水坑塘，塘中不放任何饲料，只投以山间新鲜青草，养殖草鱼、鲤鱼、鲫鱼等，形成了山地、溪流、坑塘和村落相连成一体的独特的土地利用方式与农业景观。

这种独特的养殖方式，不仅融入了"天人合一"的生态思想，还将山泉、坑塘、草地组成一个复合式生态系统。如此一来，可以自由自在游动的坑塘，富含负氧离子的新鲜空气，纯天然无公害的山间青草，流动不息的溪泉，让何田的鱼儿宛如在大自然中自由成长。

这样养出来的清水鱼自然是其他地方难以比拟的——鱼身黑黢，鱼目发光，鳃色红艳，肉质细腻鲜嫩有弹性，无塘泥之腥味，是鱼中上品。开化人做清水鱼，放入紫苏、生姜、辣椒等调味，鱼的腥味完全去除，肉质鲜嫩可口，奶白色的汤

古法养鱼

▲重大荣誉

凭借基本零污染的生态农业模式、科学合理的调蓄水方式、"山水林塘村"的立体景观、独特而悠久的清水鱼文化，2019 年 4 月，开化县政府向农业农村部递交了《中国重要农业文化遗产申报书——开化山泉流水养鱼系统》。2020 年 1 月 20 日，农业农村部发布农社发〔2020〕1 号文件，正式将"浙江开化山泉流水养鱼系统"列入《第五批中国重要农业文化遗产名单》。

如今，开化清水鱼入选全省最具历史价值品牌十强。它不仅仅是农民自给自足的特色农产品，还是惠及千家万户、带动民宿餐饮、促进百姓增收的"致富鱼"，是"绿水青山就是金山银山"的鲜明写照，更代表了千百年来开化人民对自然与生态的尊重。

汁却是更诱人，一口气能喝上好几碗。

由于生长环境和饲养方式独特，清水鱼生长极慢，每年至多只长 1 斤。从一个鱼苗长到成年，至少需要 2~3 年的时间。普通草鱼在市场上的卖价为一斤 7 元，而开化清水鱼甚至可以卖到一斤 100 元。这条小小的鱼，仿佛打通了"绿水青山"和"金山银山"转化通道，如今又变成了农民发家致富的"杀手锏"，成为开化努力把生态优势转化为特色产业优势的一个代表作。

近年来，开化清水鱼的养殖范围已从原先的何田、长虹、苏庄等少数乡镇的220 亩、2000 口塘，发展到全县范围的 2000 亩、10100 余口养殖塘，从业居民6200 多户。2018 年，开化清水鱼产量 2000 吨，产值 8000 万元，是 2008 年的 4.2倍，户均增收 6000 多元。加上流通、休闲、加工等，经济总产出已达 2.1 亿元，占全县渔业经济总产出的 70%。

为了保护活态农业文化遗产，传播和弘扬"清水鱼"文化与生态理念，让更多的人关注并支持生态保护事业，钱江源国家公园管理局将建设"中国清水鱼博物馆"列入三年计划内，并联合何田乡政府，共同打造一个集遗产展示、自然体验、科普教育、美食休闲等多功能为一体的"清水鱼文化＋"的综合性活态博物馆。

中国清水鱼博物馆由华设计集团股份有限公司联合来自奥地利的建筑设计师尼科拉·贝克（Nicola Beck）共同设计，总建筑面积 3385 平方米，总投资约 3000 万元，分为展馆区、体验区和服务区。展馆区将建设钱江源国家公园生态展示馆、清水鱼生态展示馆、青少年互动展区、VR 生态演示厅；体验区分为清水鱼美食体验厅、休息室；服务区则包含接待大厅、纪念品商店、咖啡休闲吧等场所。规模化养鱼场位于基地西北 200 米处，与博物馆相映生辉。

博物馆建成后，将助力何田乡实现产业融合发展，成为展示、弘扬和传播何田"清水鱼"文化的平台，以及区域内生态保护、产业发展、文明传承的重要窗口和载体。

中国清水鱼博物馆效果图

陆／展望未来

启航新征程，扬帆再出发

姜伟东

2017 年 9 月，中共中央办公厅、国务院办公厅印发的《建立国家公园体制总体方案》中明确：到 2030 年，国家公园体制更加健全，分级统一的管理体制更加完善，保护管理效能明显提高。

2019 年 6 月，中共中央办公厅、国务院办公厅印发的《建立以国家公园为主体的自然保护地体系的指导意见》中指出：到 2025 年，健全国家公园体制，完成自然保护地整合归并优化，完善自然保护地体系的法律法规、管理和监督制度，提升自然生态空间承载力，初步建成以国家公园为主体的自然保护地体系。

2020 年 10 月 29 日，中国共产党第十九届中央委员会第五次全体会议通过的《中共中央关于制定国民经济和社会发展第十四个五年规划和二〇三五年远景目标的建议》，专门就"推动绿色发展，促进人与自然和谐共生"作出部署，强调：坚持山水林田湖草系统治理，构建以国家公园为主体的自然保护地体系。实施生物多样性保护重大工程。加强外来物种管理；推动能源清洁低碳安全高效利用。发展绿色建筑。开展绿色生活创建活动；治理城乡生活环境，推进城镇污水管网全覆盖，基本消灭城市黑臭水体。推进化肥农药减量化和土壤污染治理，加强白色污染治理；健全自然资源资产产权制度和法律法规，加强自然资源调查评价监测和确权登记，建立生态产品价值实现机制，完善市场化、多元化生态补偿，推进资源总量管理、科学配置、全面节约、循环利用，等等。

所有这些，都为"十四五"乃至更长时期推进以国家公园为主体的自然保护地体系建设指明了方向、提供了遵循。

通过几年的努力，到 2020 年年底，钱江源国家公园体制试点各项任务已全面高质量完成。

2019 年 7 月和 2020 年 9 月，国家林业和草原局（国家公园管理局）委托第三方先后对 10 个国家公园体制试点区进行了中期评估和评估验收，钱江源国家公园体制试点任务完成情况得分均列前三位。

2020 年 9 月，国家林业和草原局经济发展研究中心主任李冰（右八）率专家组对钱江源国家公园体制试点情况进行评估验收，并参加钱江源国家公园数字标本馆暨植物识别 APP 上线仪式

2019 年，北京师范大学副校长葛剑平教授（左排前三）率专家组对钱江源国家公园体制试点情况进行中期评估

　　完成试点任务只是万里长征走完了第一步。"十四五"期间，我们将在系统总结试点经验的基础上，认真贯彻落实国家林业和草原局（国家公园管理局）和浙江省委、省政府的决策部署，进一步弘扬"工匠"精神、深化改革创新，不断推进钱江源国家公园治理体系和治理能力现代化，致力将钱江源国家公园建设成为"展示习近平生态文明思想的示范窗口"，并在开化"建设社会主义现代化国家公园城市"中发挥示范引领作用。钱江源国家公园管理局常务副局长汪长林如是说。

　　2020 年 3 月 29 日至 4 月 1 日，习近平总书记到浙江考察调研并发表重要讲话，赋予浙江"努力成为新时代全面展示中国特色社会主义制度优越性的重要窗口"的新目标、新定位。党的十八大把生态文明建设纳入中国特色社会主义事业总体布局；党的十八届三中全会首次提出"建立国家公园体制"，国家公园成为我国生态文明制度建设的重要内容，而钱江源国家公园作为目前浙江省唯一的国家公园体制试点

> **▲专题研究**
>
> 　　面向未来的《环境教育专项规划》《生态修复专项规划》《综合监测体系专项规划》《数字国家公园专项规划》《生物廊道建设专项规划》《入口社区和特色小镇概念性规划》等一批专项规划已陆续结题进入实施阶段，《钱江源 - 百山祖国家公园总体规划（2020-2025 年）》已于 2020 年 8 月经浙江省政府同意发布实施。

钱江源国家公园综合监测专项规划成果验收会

钱江源国家公园环境教育专项规划成果验收会

钱江源国家公园生物廊道建设专项规划成果验收会

钱江源国家公园生态修复专项规划成果验收会

区，理应成为"展示习近平生态文明思想的示范窗口"。

雄关漫道真如铁，而今迈步从头越。《钱江源国家公园体制试点三年行动计划执行情况》《钱江源国家公园管理局"十四五"工作思路及 2021 年工作要点（以下简称《"十四五"工作思路》）》两份重要文件已经管理局党组集体研究印发实施。本文仅节选《"十四五"工作思路》部分章节，字里行间，我们从中感受到钱江源国家公园管理局为建设"示范窗口"所流露出来的坚定的信心、清晰的思路和务实的举措，钱江源国家公园的明天一定会更加美好，让我们共同期待！

国家林业和草原局（国家公园管理局）昆明勘察设计院牵头开展钱江源国家公园总体规划修编，图为孙鸿雁（左二）一行实地考察森林样地

牢固树立五大理念

一是科学化。深入推进科学研究工作，充分发挥科研成果在开展自然资源保护、教育游憩活动、生态产品供给、特许经营实施等活动中的基础性和关键性作用。

二是民本化。牢固树立原住居民在生态系统原真性、完整性保护中的重要作用，处理好"原住居民与国家公园"关系，让当地居民成为国家公园的建设者和受益方。

三是系统化。坚持在"五位一体"大局下谋划推进钱江源国家公园建设，坚持以"山水林田湖草"系统思维全面提升钱江源国家公园治理水平。

四是数字化。推动钱江源国家公园与互联网、大数据、云计算、人工智能等高科技深度融合，最终实现钱江源国家公园治理体系和治理能力现代化。

五是国际化。学习借鉴国内、国际先进理念和做法，推动钱江源国家公园融入国际自然保护地大家庭，持续推进"亚热带常绿阔叶林的世界窗口"建设。

坚决走好四条路径

一是生态保护做加法。落实最严保护措施，通过持续开展"清源行动"，严厉打击破坏自然资源行为，建立自然资源保护长效机制。

二是项目建设做减法。严格执行项目前置审批制度，对原有不符合生态管控要求的项目建立逐步退出机制，减少不必要的人为活动对自然生态系统的干扰。

三是综合功能做乘法。在做好自然资源原真性、完整性保护的基础上，尽可能发挥国家公园的科学研究、自然教育和游憩的功能，增强国家公园对地方经济社会发展的辐射带动作用。

四是环境影响做除法。逐步清除非自然状态的物质和行为，比如外来入侵物种、生活污水垃圾集中收集处理等，推进生态系统的修复与再野化，还自然以本来面目。

钱江源国家公园管理局代表受邀参加清华大学国家公园研究院主办的"法与象"国际论坛并参加圆桌会议

大力推进五项行动

一是治理体系创优行动。着力构建统一规范高效的国家公园管理体制，推进国家公园治理体系和治理能力现代化。按照中央编办《关于统一规范国家公园管理机构设置的指导意见》要求，在国家林草局及上级主管部门的统一指导下，配合完成钱江源国家公园管理机构设置；配合做好《钱江源国家公园管理条例》《钱江源国家公园特许经营管理办法》等法律法规的立法工作；全面落实"林长制"，集聚更多资源和力量，助推钱江源国家公园高水平建设；充分利用大数据、人工智能等新一代信息技术，对国家公园管护全程实行数字化表达、智能化控制、精细化管理，将钱江源国家公园建设成为新型智能与自然相结合的智慧国家公园。

二是生态保护修复行动。坚持把自然生态系统原真性、完整性保护作为钱江源国家公园建设的首要任务。实施钱江源国家公园生态修复专项规划，以强化"再野化"理念为目标，全面推进人工林、水生态治理与栖息地修复；建立"清源"长效

2020 年 11 月，中国人与生物圈国家委员会主席、中国科学院院士许智宏（右二）率专家组就钱江源国家公园申请加入联合国教科文组织——世界生物圈保护区网络开展预考察，并参加钱江源国家公园系列文化宣传片开机仪式

2020 年 11 月，中科院植物研究所研究员、绿色名录中国专家委员会主席马克平率领专家组，就钱江源国家公园申请加入世界自然保护联盟（IUCN）绿色名录进行现场评估

国家林业和草原局（国家公园管理局）公园办副主任褚卫东调研国家公园立法工作

浙江省气象局、钱江源国家公园管理局、开化县人民政府签署三方合作协议

机制，优化野生动物肇事保险和救助奖励办法，有效形成保护、执法、打击三个闭环；保护野生河流，严防外来物种入侵；持续开展跨区域合作，推动更大范围自然生态系统整体保护；进一步修改完善村规民约，落实长效保护机制；全面推进"禁塑行动"；继续开展垃圾、污水系统治理，开展"柴改气（电）"改革，实现垃圾、污水集中收集处理和柴改气（电）两项工作国家公园范围全覆盖。

三是综合功能提升行动。大力提升钱江源国家公园科研、教育、游憩等综合功能。加强科研合作交流，依托中科院、清华大学、同济大学、浙江大学等科研院校组建钱江源国家公园研究院，并实体运行；推进环境教育专项规划落地实施，完成科普馆、暗夜公园、清水鱼博物馆等环境教育项目建设，谋划建设乡土动物园；开设自然课堂，组织解说员培训和志愿者招募；进一步完善游憩基础设施，开展以研学、康养、体验为主题的游憩活动，倡导共享单车、新能源汽车等绿色出行方式；发挥国家公园辐射带动功能，增强基于国家公园的可持续发展模式研究推广，助力开化县域绿色高质量发展。

四是未来乡村建设行动。围绕环境生态化、生态产业化、产业绿色化、绿色人文化，建设钱江源国家公园未来乡村。科学制定乡村总体规划，完善乡村公共服务设施，推进乡村环境综合治理，着力打造国家公园精品村；配合地方政府开展农业供给侧改革，提升绿色农产品供给；深化保护地役权改革，推动农田保护地役权改革试点扩面；全力推进国家公园小镇和入口社区建设，打造面向长江三角洲的自然教育高地；加大特许经营和品牌建设力度，充分发挥钱江源国家公园绿色发展协会作用，促进经济与生态互促共赢；加大乡土树种繁育和推广使用力度；继续有计划开展生态移民搬迁。

　　五是文化传承培育行动。弘扬源头人民热爱自然、保护生态的优良传统，培育形成国家公园绿色生产生活新方式。深入挖掘钱江源国家公园文化底蕴，深入研究龙坦古窑遗址，何田古法养鱼，闽、浙、赣省委旧址等史迹遗存，编制文化保护专项规划；加强古村落、古树名木保护力度，传承创新古田保苗节、西坑敬鱼节等具有浓厚地方特色的民俗节日；精心设计、有序开发钱江源国家公园文创产品，培育和发展国家公园文化产业。

▲后记

2022年1月13日，钱江源－百山祖国家公园"两报告一方案"（符合性认定报告、社会影响评估报告、设立方案）专家评审会以视频方式举行，钱江源－百山祖国家公园创建工作进入最后冲刺阶段。

迈向未来的开化国家公园城市

姜伟东

"吾乡山水真丹青，晴川无乃窃其灵。"

500 多年前，名士方豪赠诗，大儒王阳明题字，开化籍画家时俨以焦墨作画让开化山水名动江浙，成为一段佳话。这也是阳明先生寄予开化"天人合一、天人和谐"的美好期许。从 4500 年前的新石器时期文明起步，千百年来，日出而作日落而息的钱江源头开化人，血脉中始终涌动着热爱自然、顺应自然、崇尚自然的天性，目前保存完好的明嘉靖四十五年（1566 年）的"禁采矿碑"、乾隆四十一年（1776 年）

开化国家公园城市专题研讨会

的"荫木禁碑"，光绪十一年（1885 年）的"放生河碑"等百年古碑，虽历经百年风雨侵蚀，却见证了开化"人与自然和谐共生"的生态坚持。

早在 2003 年和 2006 年，时任浙江省委书记的习近平曾先后 2 次来到开化，"一定要把钱江源头生态环境保护好""变种种砍砍为走走看看""人人有事做，家家有收入"的殷殷嘱托至今仍然响彻开化大地。这些年来，开化始终牢记嘱托，坚定不移地护美绿水青山，做大金山银山，畅通"绿水青山就是金山银山"转化通道，努力让每一个开化人都过上"绿富美"的好日子。

如今的开化，森林覆盖率达到 80.9%，被誉为中国最绿的县域之一，空气质量、生态环境状况指数常年居全省前列，先后获得国家级生态县和全国生态文明建设示范区两项"桂冠"，入选全国首批"中国天然氧吧"；生态系统生产总值（GEP）突破 700 亿元，绿色发展指数位居浙江排名前 20，成功跻身浙江省最具投资潜力 30 强县；钱江源国家公园体制试点任务全面高质量完成，有望近期获国家正式命名。

早在 2013 年，地理学家、国家地理探险家 Dan Raven—Ellison 就提出"国家公园城市"理念；2019 年 7 月 22 日，伦敦正式成为全世界第一座国家公园城市，签署了《伦敦国家公园城市宪章》，致力于将伦敦打造成为一座更绿色、更健康、更具野性的城市。国家公园城市基金会（NPCF）与世界城市公园暨萨尔茨堡全球研讨会展开合作，为国家公园城市创立了首个国际宪章。

2018 年 2 月，习近平总书记在成都天府新区视察作出"突出公园城市特点，把生态价值考虑进去"的重要嘱托和指示之后，成都开始了一系列积极探索。

站在新的历史起点，"建设社会主义现代化国家公园城市"这一宏伟蓝图正在开化呼之欲出。

"国家公园城市是依托国家公园实现绿色健康永续发展的全域生态城乡共同体，是生态文明建设的新模式、未来城市发展的新形态、实现共同富裕的新路径，将引领城市建设新方向、重塑城市新价值，努力在县域层面探索建设践行新发展理念的新型城市示范区。"中共开化县委书记、钱江源国家公园管理局局长鲁霞光说。

以国家公园生态引领全域、以国家公园风景贯穿全域、以国家公园品牌带动全域、以国家公园标准治理全域，这是开化建设国家公园城市的核心理念，国家公园将成为推动开化高质量绿色发展的强劲引擎。

目前，开化县委、县政府已经有了初步的设想，主要是通过创建"国家公园 +5A 县城 +4A 集镇 +3A 乡村 + 美丽田园湖河"，重塑与国家公园相通的空间格局，推动国家公园形态与城市空间有机融合；以生态保护、开发建设和产业发展为重点，

建立与国家公园相称的标准体系，推进自然生态系统的原真性、完整性保护；以产业生态化和生态产业化为导向，培育与国家公园相融的产业体系，实现强县富民有机结合；实施文化复兴工程、文化产业振兴工程，大力推进创新文化建设，打造与国家公园相应的地域文化，充分彰显国家公园的文化价值；以未来社区的理念建设新型城市，促进山水与城市、人与自然和谐共生，形成与国家公园相宜的品质生活，让每一个热爱生活的人都能体验到国家公园城市的幸福与美好；以"建设国家公园城市一网智治平台"为主载体，推进智慧城市、智慧管理、智慧服务体系建设，彰显与国家公园相符的治理水平。总的目标是，到 2025 年，通过路径探索、示范带动，基本建成国家公园城市；到 2035年，通过全域激发、持续推进，全面建成国家公园城市；到 2050 年，使开化成为全球一流的生态文明典范城市。

可以预见，未来的开化不仅是一个地名，更将成为人们向往的一种生活方式。

▲专家点评

中科院植物研究所研究员马克平在微信留言中写道：看到鲁书记朋友圈发的"建设社会主义现代化国家公园城市"信息，很振奋。只有政府把国家公园主流化，国家公园才有机会推动社会经济发展，国家公园才有希望。

▲后记

2021 年 1 月 21 日，中共开化县委十四届十一次全体（扩大）会议召开，时任县委书记的鲁霞光作题为《聚力一三六，迈好第一步，开启建设社会主义现代化国家公园城市新征程》的工作报告，并审议通过《中共开化县委关于制定开化县国民经济和社会发展第十四个五年规划和二〇三五远景目标的建议》；2021 年 12 月 27 日，中国共产党开化县第十五次代表大会开幕，县委书记夏盛民作题为《牢记重要嘱托，激发澎湃动力，奋力谱写国家公园城市现代化建设新篇章》工作报告，建设国家公园城市已经成为开化推动高质量绿色发展的重要载体。

附 录

大事记

2017 年

一、生态资源保护中心实体化运作。5月9日，钱江源国家公园生态资源保护中心正式挂牌成立，下设"五部、五站"，主要承担钱江源国家公园体制试点区自然资源资产运营管理、生态保护、特许经营、社会参与、科研教育和宣传推广等具体工作。

二、钱江源国家公园科普馆项目如期开工。9月17日，总投资5673万元，建筑总面积5640平方米的钱江源国家公园科普馆项目正式开工建设。该项目从计划筹备到开工仅用了7个多月时间，得到县委、县政府的充分肯定。

三、成功引进并承办世界自然保护联盟（IUCN）亚洲区会员委员会年会。9月17~20日，引进并承办世界自然保护联盟（IUCN）亚洲区会员委员会年会，IUCN全球主席、亚洲区主席以及来自17个国家的23名代表参加会议，与会人员实地考察了钱江源国家公园，并举办钱江源国家公园专家咨询活动，10多家国内知名媒体对这次会议进行了报道，极大提高了钱江源国家公园的国际知名度。

四、与中科院植物所签订战略合作框架协议。10月28日，与中科院植物研究所正式签订《钱江源国家公园建设科技合作框架协议》，开启院地合作新模式，中国亚热带常绿阔叶林研究中心落户钱江源国家公园，科研工作再上台阶。

五、《钱江源国家公园体制试点区总体规划（2016—2025年）》落地。11月，《钱江源国家公园体制试点区总体规划（2016—2025年）》获省政府正式批准。期间，生态资源保护中心先后 5 次组织开展专题研究，就边界划分、功能区调整等提出建设性意见，许多意见最终被编制单位吸收，提高了规划的科学性和操作性。

六、古田山国家级自然保护区获省规范化建设评估"优秀"等级第一名。12月，由省环境保护厅、省林业厅、省国土资源厅、省海洋与渔业局和省自然保护区评审委员部分专家组成的评估组对全省25个省级以上自然保护区进行规范化建设评估，古田山国家级自然保护区以"优秀"成绩通过规范化建设评估，并以95.6分的高分位列全省 12 个国家级自然保护区第一。

七、跨省合作迈出重要步伐。5个基层保护站分别与安徽、江西毗邻的3个乡（镇）7个行政村及安徽省休宁县岭南省级自然保护区签订了合作保护协议，并组织专家对毗邻区生物多样性进行实地考察，跨省布设红外相机 120 台，共同推进自然生态系统的原真性、完整性保护。

八、古田山 4A 景区通过复评。全力配合开化全域旅游示范区创建，完成景区基础设施提升和配套工程建设，广泛组织开展志愿者服务活动，古田山 4A 级景区顺利通过复评。

九、林地地役权改革稳步推进。总结古田山国家级自然保护区集体林租赁模式，加强与省林业厅的对接沟通，初步形成钱江源国家公园集体林地地役权改革方案，并积极做好集体林地地役权改革的各项前期准备工作，为下步集体林地地役权改革打下了坚实基础。

十、项目谋划取得实效。围绕地役权改革、资源管护、科研科普、社区发展、跨省合作等重点，谋划形成 2018 年五大工程共 21 个项目，总投资超过 2.5 亿元。其中"钱江源国家公园信息智能化管护体系"在县第二届"智慧点亮国家公园梦"项目擂台赛中荣获二等奖。

2018 年

一、网格化立体式监测体系全面建成。4月，与浙江大学成功签订《钱江源国家公园建设科技合作框架协议》，启动钱江源国家公园综合科学考察；5月，中科院植物所"钱江源国家公园森林冠层生物多样性监测平台"正式建成并投入使用，该平台是目前全球 19 个、中国 7 个冠层监测平台之一；在钱江源国家公园范围内建设 267 个网格，建立 20×20 米植物样方 800 余个，红外相机监测已延伸至安徽省休宁、江西省德兴婺源等毗邻区域，共布设红外相机 546 台，实现钱江源国家公园网格化监测全覆盖。

二、依托世界自然基金会（WWF）开展环境教育专项规划。7 月 27 日，钱江源国家公园管理委员会与世界自然基金会正式签署《合作谅解备忘录》和《钱江源国家公园环境教育专项规划委托协议》，合作开展为期 2 年的钱江源国家公园环境教育专项规划编制工作，携手打造"亚热带常绿阔叶林之窗"。

三、确立并开展"亚热带常绿阔叶林之窗"主题宣传。8 月，钱江源国家公园与三江源国家公园一道成功加入中国生物圈保护区网络（CBRN），为首批加入的国家公园之一；12 月，钱江源国家公园入选第二届"中国最美森林"榜单；创作出版《钱江源国家公园》及《钱江源国家公园鸟类图鉴》书籍；创作钱江源国家公园之歌《亚热带之窗》及舞蹈情景剧，获得 2018 年县城乡大汇演一等奖；中央电视台《远方的家》专栏之国家公园专题"水润山青钱江源"播出；联合中科院植物所发布《钱江源国家公园科学研究报告》，完成《生物多样性》期刊"钱江源国家公园专刊"编撰工作。

四、正式成立魏辅文院士专家工作站。11 月 5 日，魏辅文院士与钱江源国家公园管理委员会正式签订《钱江源国家公园院士专家工作站合作协议》，成为继傅伯杰院士专家工作站之后，第二家"落户"钱江源国家公园的院士专家工作站（注：因政策原因，两家院士工作站现均已注销）。

五、自然资源部、国家林业和草原局先后派督察组来钱江源国家公园开展体制试点专项督查。督察组对钱江源国家公园体制试点区创设以来开展的工作给予了高度评价，并指出了试点进程中存在的问题和短板，为体制试点工作的深入推进指明了方向。

六、编制实施《钱江源国家公园三年行动计划（2018—2020 年）》。编制实施《钱江源国家公园三年行动计划（2018—2020 年）》，理清了体制试点的总体目标、基本原则和具体任务，明确了具体的路线图、时间表和责任人，体制试点各项工作有序推进。

七、基本完成集体林地地役权改革。针对钱江源国家公园集体林占比高的实际情况，充分吸收苏杨团队《钱江源国家公园基于细化保护需求和生物多样性代偿原理的地役权制度》研究成果，探索开展集体林地地役权改革，共涉及集体林地 18333 公顷，为我国南方集体林区实现重要自然资源统一管理创造了经验。

八、"清源"行动取得显著成效。深入开展钱江源国家公园"清源"一号行动和非法盗猎野生动物专项治理，处理各类违法、违规案件 30 余起；广泛开展社区宣传和志愿者服务活动，全民保护意识和能力逐步增强；委托中国环境科学研究院完成《钱江源国家公园生态保护专项规划》编制。

九、生态保护与监测工程项目建设全面启动。完成国家公园的矢量图制作及619个界碑、界桩的布设工作；巡护步道、防火隔离带项目完成项目招标；11处高空云台、110处视频监控、10个无线对讲通讯基站完成选点，综合信息指挥平台建设基本完成。

十、村级管护体系基本形成。21个村级保护点建成并投入使用，出台《钱江源国家公园专（兼）职生态巡护员管理办法》和《钱江源国家公园自然资源管护工作考核办法》，选聘专兼职生态巡护员95名，"中心—站—点"三级管护体系基本形成。

2019 年

一、钱江源国家公园频道开播。4月18日，钱江源国家公园频道正式开播。该频道由钱江源国家公园管理局与开化县传媒集团合作，以每晚黄金时段为重点，增设《国家公园播报》《国家公园悦览》两个特色栏目，大容量播出与钱江源国家公园有关的新闻、公益广告、综艺节目、纪录片、影视剧等内容。

二、荣获"中国最美森林"殊荣。5月10日，"中国森林氧吧"年度盛典在北京举行，《中国绿色时报》森林与人类杂志社组织专家组开展的第二届"中国最美森林"遴选活动揭晓榜单。钱江源国家公园的常绿阔叶林成为浙江唯一入选的"中国最美森林"，全国获此殊荣的仅有17处。

三、钱江源国家公园管理局挂牌成立。7月2日，钱江源国家公园管理局举行成立大会暨揭牌仪式。国家林业和草原局总经济师、国家公园管理办公室主任张鸿文，浙江省政府副秘书长周日星共同为钱江源国家公园管理局揭牌。

四、开展"清源"二号暨打击非法偷盗猎野生动物专项行动。7月3日上午，浙江省林业局副局长、钱江源国家公园管理局党组书记王章明宣布"钱江源国家公园'清源'二号暨打击非法偷盗猎野生动物专项行动启动"。行动期间，出台了《野生动物救助举报奖励办法》，处置野生动物行政案件3起，救助放生国家一、二级重点保护野生动物52只，发放宣传资料2万多份。

五、钱江源国家公园迎来试点评估。7月22～26日，由全国政协常委、北京师范大学副校长葛剑平任组长的国家公园体制评估工作组来钱江源国家公园开展体制试点评估。钱江源国家公园的管理体制创新、地役权改革等工作得到评估组的高度肯定，体制试点任务完成情况得分在全国 10 个国家公园体制试点区中名列前茅。

六、"全国三亿青少年进森林研学教育活动"启动。8 月 5 日，"全国三亿青少年进森林研学教育活动暨绿色中国行——走进钱江源国家公园"大型公益活动启动仪式在钱江源国家公园举行。全国政协副主席、关注森林组委会副主任李斌对此次活动作出重要批示。

七、傅伯杰院士课题结题。9 月 7 日，由傅伯杰院士团队开展的《钱江源国家公园生态系统评估与可持续管理报告》项目在北京师范大学顺利通过项目专家组验收。该报告评估了钱江源国家公园生物多样性现状及对人类活动的影响，研究了钱江源国家公园碳固定、土壤保持、生物多样性维持等方面生态系统服务价值，探索了国家公园生态管理与可持续发展模式，为钱江源国家公园生态系统可持续管理提供了科学依据。

八、钱江源国家公园走进联合国可持续发展峰会。9 月 26 日，中国政府向联合国可持续发展峰会递交《地球大数据支撑可持续发展目标报告》，其中，陆地生物以钱江源国家公园为例。该报告指出"基于三个生物多样性监测平台，实现钱江源国家公园三类评估指标的监测，发现钱江源国家公园保存了大面积低海拔的地带性常绿阔叶林，以及大面积的黑麂适宜栖息地，表明钱江源国家公园生态系统具有原真性和完整性"。

九、举办"国家公园建设与管理国际研讨会"。10 月 16~18 日，由国家林业和草原局国家公园管理办公室、浙江省林业局主办，中科院植物研究所、IUCN 亚洲会员委员会、钱江源国家公园管理局共同承办的"国家公园建设与管理国际研讨会"在开化举行。

十、钱江源国家公园写入《长江三角洲区域一体化发展规划纲要》。12 月 1 日，中共中央、国务院印发的《长江三角洲区域一体化发展规划纲要》中明确提出，要"提升浙江开化钱江源国家公园建设水平"。

2020 年

一、野生动物肇事公众责任保险签约实施。3 月 31 日，钱江源国家公园野生动物肇事公众责任保险签约实施。该险种面向开化全域并辐射江西省婺源县东头村，全年共结案 263 件，赔偿金额 19.83 万元。

二、省委书记车俊视察钱江源国家公园。5 月 14 日，浙江省委书记车俊在实地调研钱江源国家公园体制试点工作时强调：钱江源国家公园要努力成为展示习近平生态文明思想的"示范窗口"。

三、启动农村承包土地保护地役权改革试点。6 月 28 日，钱江源国家公园农村承包土地保护地役权改革试点启动。生产主体在履行"禁止使用化肥农药"等义务前提下，钱江源国家公园管理局给予 200 元／亩·年的地役权补偿，并落实经营主体保底价收购、产品销售补贴、品牌特许使用等政策。

四、"清源"系列行动持续发力。6 月 28 日，钱江源国家公园"清源"三号暨保护野生植物专项行动启动。活动为期 3 个月，共清理外来物种 2 处，阻止非法采挖事件 2 起，完成 27936 盆盆栽溯源调查，发放宣传资料 6000 余份。

五、启动钱江源国家公园创建"百日攻坚"行动。6 月 28 日，钱江源国家公园创建"百日攻坚"行动启动。这次行动突出问题导向和目标导向，共部署落实了50 项具体工作，旨在凝聚全县合力，以优异成绩迎接国家公园体制试点评估验收。

六、小水电整治工作全面完成。7 月 16 日，东山电站关停退出，钱江源国家公园 9 家小水电整治工作全面完成。

七、成立钱江源国家公园绿色发展协会。7 月 22 日，钱江源国家公园绿色发展协会成立。该协会由热心国家公园生态保护事业的单位自愿发起成立，旨在推进自然资源的科学保护和合理利用，提升钱江源国家公园建设和管理水平。

八、签署环钱江源国家公园合作保护协议。8 月 25 日，钱江源国家公园管理局与江西省婺源县江湾镇及所辖 5 个行政村签署《环钱江源国家公园合作保护协议》，《环钱江源国家公园跨省合作保护考核激励办法》同步施行。

九、环境教育专项规划通过专家组验收。8 月 28 日，《钱江源国家公园环境教育专项规划》通过专家验收。该规划由世界自然基金会（WWF）具体承担，主要成果包括《钱江源国家公园自然体验路线户外标识标牌系统设计方案》《江源古田——钱江源国家公园环境解说》《打开亚热带常绿阔叶林之窗——钱江源国家公园环境教育读本》，以及《钱江源国家公园人员解说手册》等图书。专家一致认为，该规划成果目前居国内领先水平。

十、全面完成"柴改气"试点工作。8 月 30 日至 9 月 4 日，钱江源国家公园管理局"柴改气"试点工作全面完成。这项改革旨在转变老百姓"烧柴做饭"的传统生活方式，推进自然资源更加严格有效的保护。

十一、总体规划获浙江省人民政府批复。8 月 31 日，《钱江源－百山祖国家公园总体规划（2020—2025 年）》获浙江省人民政府批复。批复文件要求，在确保钱江源、百山祖 2 个园区总体规划充分衔接、保持一致的基础上，落实分区责任，积极推进"一园两区"建设。

十二、迎来钱江源国家公园体制试点评估验收。9 月 4～7 日，钱江源国家公园体制试点迎来由国家林业和草原局（国家公园管理局）组织的第三方评估验收。评估验收组通过细致严谨全面的考察，对钱江源国家公园体制试点任务完成情况给予了高度评价。

十三、数字标本馆暨植物识别 APP 正式上线。9 月 5 日，钱江源国家公园数字标本馆暨植物识别 APP 上线。该系统基于针对性的植物识别引擎，对钱江源国家公园内的常见植物识别准确率达到 95%，并通过数据积累形成了基于人工智能的钱江源国家公园数字标本馆。

十四、实现集体林地保护地地役权登记颁证。9 月 10 日，钱江源国家公园获领 2753 本"林地保护地役权证"。早在 2018 年，钱江源国家公园管理委员会就在全国率先探索开展了集体林地保护地役权改革。随着林地保护地役权证的发放，进一步给钱江源国家公园范围内的 18333 公顷集体林地的生态保护上了一把"安全锁"。

十五、钱江源国家公园综合科学考察发现新记录物种 1401 种。9 月 24 日，为期 2 年半的钱江源国家公园综合科学考察圆满收官。通过全域综合科学考察，共发现新记录物种 1401 种，包括苔藓植物 88 种、蕨类植物 11 种、种子植物 146 种、大型菌物 261 种、昆虫 857 种、鱼类 12 种、鸟类 12 种、兽类 14 种。

十六、三级生态管护体系全面建成。10 月 1 日，长虹保护站、何田保护站正式建成投入使用。至此，钱江源国家公园"县—乡（镇）—村"三级生态管护体系全面建成。

十七、科研项目成果再上新台阶。10 月 26 日，"古田山森林生物多样性监测、研究及示范应用"项目成果获第十一届梁希林业科学技术进步奖二等奖。

十八、申请加入世界生物圈保护区网络。11 月 1～2 日，中国人与生物圈国家委员会主席、中科院院士许智宏率领专家组就钱江源国家公园申请加入联合国教科文组织世界生物圈保护区网络开展预考察。

十九、申请加入 IUCN 自然保护地绿色名录。11 月 3～5 日，中科院植物研究所研究员、绿色名录中国专家委员会主席马克平率领专家组，就钱江源国家公园申请加入 IUCN 自然保护地绿色名录进行现场考察。

二十、钱江源森林生物多样性野外科学观测研究站纳入国家野站择优建设名单。12 月 29 日，浙江钱江源森林生物多样性野外科学观测研究站入选全国 69 个国家野外科学观测研究站择优建设名单，浙江仅此一家。

新民晚报

森林工匠
——钱江源国家公园试点纪实

姜燕

雨，沙沙地掠过一望无际的林海，茂盛的植被覆盖了广阔的山地，交互出现的深绿和浅绿，写意出密林之下的地形。这里是浙江省开化县浙、皖、赣交界，拥有全球罕见的低海拔亚热带常绿阔叶林，一条清澈的溪水由此而出，最终成为闻名天下的钱塘江。这一切使这片原始森林拥有了当下的名字——钱江源国家公园。

今年9月，作为我国2015年启动的第一批10个国家公园体制试点地区之一，它接受了国家林业和草原局的验收。它是长江三角洲经济发达地区唯一的国家公园试点区域，能否顺利正式挂牌，值得期待。

国家公园体制试点不是单纯的科研和生态系统保护，而是一场充满挑战的社会试验，要求人们用工匠级别的管理技术，将区域内的社会性与自然性高度融合，使生态保护、利用和传承达到最佳状态。

自然雕琢大森林

密林覆盖了整个山地，枝干粗壮的参天大树霸道地占据了顶部空间，细细的小树可能是森林未来的主人，但如今还要先在中低部栖居。生长缓慢的青冈树干致密，长势旺盛的拟赤杨则是质地疏松。玉米须一样的松萝骄傲地挂在树枝上，用它的存在炫耀着生态的完美。如果有幸，还能撞见个体或成群的国家级重点保护野生动物白颈长尾雉，或与一只黄麂"偶遇"，运气好的时候还能看到弥足珍贵的黑麂。

这是钱江源国家公园核心区古田山片区通往顶峰青尖的路，平时是用一扇铁门、一把铁锁封住，连科研人员都会尽量减少进山的次数，避免哪怕是稍稍破坏生态。你以为脚步已经很轻了，但还是远远不够，脚下踩到的一粒种子，可能都会导致一个生命还没有开始就已告终。

一棵长达二三十米的马尾松"遗体"赫然倒伏在山林中间，最粗的腰距达到 80 厘米。作为"先锋树种"，马尾松是最早"落户"在这片森林的"居民"。许多年前，一粒粒马尾松的种子被风送到这片山地上，浅浅地扎下根，便开始迅速生长。它营造出崭新的生态环境，为后来乘风而至的常绿阔叶树种提供了生存的天地，宽阔的亚热带常绿阔叶林带在缓慢的生态演化中逐渐形成。然而，它的"母亲"马尾松却在两三百岁之后，迈入风烛残年，有一天终于支撑不住，轰然倒下，长眠于它哺育过的森林。最终，马尾松将全部退出这个生态系统，一些山坡上已经全然没有它的影子。它的遗体横卧在山道中间，却丝毫没有被移动，人们认为森林是它最好的归宿，而它的生命则在依附于枯木的另一些物种上延续，比如菌类。

大自然的鬼斧神工，借助山川、河流与大气循环，雕琢了地球表面现在的模样。在北纬 30 度地区的欧洲是茂盛的草原，而在中国，由于青藏高原的隆起，形成了东亚气候和梅雨季节，生长出世界罕见的亚热带常绿阔叶林带。但由于频繁的人类活动，低海拔地区如长江中下游地区、四川成都平原的亚热带常绿阔叶林遭到严重破坏，钱江源国家公园由于地处深山，且生态保护较早，硕果仅存。而且，多数地区的亚热带常绿阔叶林海拔高于 800 米，这里却在海拔低于 800 米的地区"奢侈"地拥有着广袤的原始森林，且原真性和完整性令人惊叹，区域内生物多样性丰富，大大增加了它的生态与研究价值，也是它入选我国 2015 年启动的第一批 10 个国家公园体制试点地区之一的主要原因。

前身曾是伐木场

钱江源国家公园位于浙江省开化县，长江三角洲经济发达地区唯一的国家公园试点区域选择了这里，不是偶然。

通往青尖这条路，今年 53 岁的陈声文已经走了 31 年。自从 1989 年 3 月从学校园林专业毕业来到古田山自然保护区，他再未离开，如今在钱江源国家公园综合行政执法队科研监测中心任职。古田山保护区 80.7 平方千米的山林里，到处都留下过他的足迹。在他眼中，山上的每一株树都像他的孩子，放眼望去，仿佛都有着自己的名字，十年、二十年，无论树木枝叶怎样生长变化，他一眼扫过去都能认出来，"就像父母亲永远不会忘记自己孩子"。

他见证了当地生态保护意识不断提升的全过程。"我办公室所在的这间平房，1973年以前是伐木场仓库，边上的旅游售票处是锯板厂，制作浙、皖、赣铁路的枕木料子。高台上的平房是职工子弟的小学校，当时伐木场有2000多名工人。"步入山门，陈声文习惯性地将目光落在两边的山林上。

"1973年，诸葛阳和郑朝宗两位教授来到这里采集植物样木，看到采伐木材破坏山林，非常痛心，回去后就写了一封信给开化县政府，当年采伐就停止，1975年这里升级为省级自然保护区，这对古田山原始森林的原真性保护起到了至关重要的作用。"讲话喜欢开点玩笑的陈声文讲到这段经历时，语气严肃，充满敬意。

1999年，开化县委、县政府在中国率先提出并实施"生态立县"发展战略。2007年，建成省级生态县；2010年，成为国家生态县。

31年中，陈声文记得最清楚的日子就是2001年6月17日，那天是他为之奋斗了若干个无眠的日日夜夜收获硕果的日子。他回忆，省级自然保护区各种经费有限，上山巡护背只军用包，挎个军用水壶，带点干粮，再也没有别的装备，科研也没有受到重视，想做点研究只能自己小打小闹。"我们几个技术员就想着一定要去争国家级，就一天到晚在大山里跑，山上的林木种属和植物群落分布状况，全部是我手写登记，一共19本林班卡1119个小班。"至今，这些资料他还完好无损地保留着。

2001年6月17日晚，他一直坐在电视机前守着，眼睛眨也不眨地看中央电视台的新闻联播，亲耳听着播音员宣布国务院将古田山升级为国家级自然保护区。

这一次升级，使古田山的命运发生历史性转折。这片全球罕见的大面积低海拔亚热带常绿阔叶林的珍贵价值终于为世人所知。

国家公园的难题

在钱江源国家公园的北端，一股清流由顶峰莲花尖发源，在山谷的碎石间跳跃着，流出深山。谁都难以料到，这股平淡无奇的水，会流淌成哺育了钱塘文明的钱塘江。"浙江"的名字也由它而来，被誉为"天下第一潮"钱塘江大潮更是世界一大自然奇观。1999年，钱江源国家森林公园成立，生态保护随之升级。

南至古田山，北抵钱江源，两者遥遥呼应，兼之中间连接的生态区，由南向北涉及开化县苏庄镇、长虹乡、何田乡和齐溪镇，构成了 252 平方千米的钱江源国家公园。生态保护辐射同属一个生态系统的江西省婺源县、德兴市和安徽省休宁县的 3 镇 7 村，彼此一衣带水、山林相接，难以分割。

难题接踵而来。它是 10 个试点的国家公园中人口最为密集的一个，农田分布广泛；由于历史沿革，林地性质复杂，集体林占比近 80%，还有村民的自留山和流转山；中间地带多为次生林和人工林，生态系统较南北两端脆弱……此外还有野兽伤农、化肥施用、百姓生计一系列问题，当地还有烧柴做饭、取暖的传统，跨省生态保护又谈何容易？

2019 年 7 月 2 日，钱江源国家公园管理局在开化正式挂牌，由省政府垂直管理、纳入省一级财政预算、由省林业局代管，省林业厅副厅长任管理局党组书记，县长任局长。钱江源国家公园管理局常务副局长汪长林介绍，管理局通过与地方政府建立的交叉兼职、联席会议、联合行动等机制，形成了"垂直管理、政区协同"的管理体制。

浙江人的实干与胆识在国家公园试点中再一次体现无遗，短短一二年内，管理局破解体制困局、生态保护、科研监测等方面的举措创新达 24 项。最具代表性的是集体林保护地役权改革、自下而上推进跨省联合保护和科学恢复人工林促进森林生态功能提升。

谁动了我的蛋糕？在林地权属触及个人权益的敏感地带，管理局巧妙地绕过雷区，在不改变林地权属的情况下，实现了集体林统一管理。身段之灵活，决策之大胆，可见一斑。

人与自然共生

人重要，还是生态重要？钱江源国家公园管理局在"生态保护第一"的基础上提出了"原住居民为本"，通过生态补偿政策与品牌增值体系建设，促进人与自然和谐共生。

长虹乡桃源村村民程学春今年 50 多岁，桃源村是钱江源国家公园 4 个农田地役权改革试点村之一，此项试点为全国首例，试点成熟后，将在公园全境推广。程学春和老婆平时打打零工，孩子在城里工作，家的两亩多农田一直荒着。这次改革中，他们将农田流转给大户统一种植，国家公园按每亩每年 200 元补给大户，农户则可以与大户签约，得到一笔流转费用，还可以受雇在自家田里干活。

开化县流转大户佳艺农场主方进林介绍，长虹乡桃源村共流转农田141.77亩，年流转费9.6万多元，主要种植高山生态水稻和油菜。"不能使用化肥和农药，种植有点难度，产量明显减少。"方进林说，但国家公园地役权改革的补偿能够弥补损失，而且生态效益不可估量。

统一交给大户种植是考虑到种植标准可控，能够严格控制不使用化肥、农药和除草剂等，在试点农田生产出的大米由政府以不低于5.5元/斤的保底价收购，并以不低于10元/斤的价格销售，保护地上出产的产品可以永久使用国家公园相关标识。"等市场成熟，政府就可以退出这一环节，由市场来主导这项改革。"汪长林说，钱江源国家公园绿色产业发展也在积极推进之中。

程学春家此前也参加了钱江源国家公园全境集体林地役权改革，得到每年每亩43.2元的补偿。由于是集体资产，各个乡村可以根据村民大会的讨论结果，灵活处理这笔费用，有的村直接把钱发放到村民手中，有的如苏庄镇唐头村用这笔钱给村民买了医疗保险，有的则留在集体统一使用。相应地，农户要履行的职责之一就是严禁采伐。钱江源国家公园综合行政执法队长虹执法所工作人员周崇武说，村民的接受度很高，受影响较大的是流转大户，有大户提出补偿金低了，要求延长流转期限等，由于县、乡、村级流转方式的不同，具体仍在协商。集体林地地役权改革在2018年6月已经完成，这项创新突破了浙南林地集体林占比高的瓶颈，大大推动了生态保护的进程。

此外，柴改气试点、巡护员等公益岗位设置，既改变了农村的生活方式，也增加了农民收入，钱江源国家公园办公室主任朱建平说，公园每年投入2000万元用于乡村治理。不少农民还参加了科学研究，江福春等4人还受聘于中科院植物研究所古田山台站，成了"农民科学家"，苏庄镇唐头村的方初菊则受聘于国家公园野生动物保护站。

国家公园还提出"未来乡村"的概念，汪长林说："国家公园里的乡村叫未来乡村，将智能化信息化的手段应用到国家公园社区，包括特色小镇、入口村庄等地，让当地的老百姓有高度的生态自信、生态自觉，并影响进入公园的访客们。"

既然是国家公园，里面的人为何不全体迁出，农家乐也取缔或升级？这里包含着人们一些认识误区。国家公园本身包含游憩功能，在接近钱江源头景区的途中，沿途可见集中连片的农家乐，钱江源头"第一村"的齐溪镇里秧田村党支部书记张树林介绍，里秧田村的农家乐就有38家，占全村总户数的近三分之一。中国科学院植物研究所古田山生物多样性科学定位研究站副站长米湘成副研究员表示，如果农民没有收入来源，也可能上山砍柴、打猎，破坏山林，只要控制农家乐数量，严格管理，提升品质，是没有问题的，而访客也主要集中在游步道上，并不进入森林，影响也较小。汪长林介绍，钱江源国家公园管理局正开展"钱江源国家公园"品牌增值体系建设。针对农家乐，钱江源国家公园正在申报"鹇栖"品牌，未来的钱江源国家公园"鹇栖"农家乐将开展特许经营，组织相关培训，着力引进国家公园生态保护理念，将国家公园农家乐打造成自然教育的重要基地，成为钱江源国家公园品牌增值的重要组成部分。

不过，动物与人的矛盾有时也很难解决。有人耕种的地方，野生动物的食物链更有保障，而老百姓的损失补偿仍是难题。虽然有野生动物肇事保险，但大多数损失达不到赔偿标准，"比如，有的 20 棵玉米被拱，有的一小片田地遭殃，都只能暂时备案"，陈声文坦言。汪长林表示，未来可以完善保险制度或政策调剂，或者通过科学监测和人工干预进行种群调控。

破题跨省保护

56 岁的江清明穿一身迷彩服，瘦小精干，正在帮村里一户盖房的人家打小工。他的户籍所在地是江西省婺源县东头村，现在被聘为钱江源国家公园霞川－东头联合保护站的巡护员。东头村与开化县长虹乡霞川村仅隔一条数米宽的小溪，两边通婚往来极为频繁。

江清明在当地是个"名人"，绰号"狐狸"，20 年前开始捕猎，因为手段精明老道，能从脚印、粪便和食物中摸清动物的通行路径，山里的野鸡、兔子甚至黑熊都难逃其手。他最"骄傲"的是曾经发现一只野猪正在为 6 个小猪哺乳，伸手下去一手一只，每只 6 斤重的小猪让他着实赚了一笔。但如今成为巡护员的他被问起捕猎往事，脸顿时涨得通红，表情尴尬。去年，钱江源国家公园推进自下而上的跨界合作，成立联合保护站，他和另外 3 名江西农民也被聘为巡护员，曾经的猎手变成了大森林的保护者。

国家公园周边江西婺源县、德兴市和安徽休宁县共 151 平方千米的山林同属一个生态系统，植被相同，动物更是经常无界穿梭。但是体制的束缚使跨界保护举步维艰，这一问题同样摆在一些同期试点的其他国家公园中。相对而言，监测和科研上的交流还相对简单。国家公园布设全境网格化红外相机监控时，除公园范围内安装外，在外围安徽、江西毗邻区域也装了 241 台。但涉及区域划界、地役权改革等问题时，便难以推进。

不能采取同样的保护机制，生态系统整体的原真性和完整性难以保全，化肥农药的施用也会通过水循环对区域内环境造成影响。

国家公园谋求区域合作的脚步从未停止，前不久，汪长林又去江湾镇交流，商谈合作。"从几年来交流的情况看，抛开行政因素，自下而上的合作很顺利，几个邻县的积极性都非常高。"他说，在目前自然资源共同保护的大背景下，三省都是千方百计保护动植物，有这样的基础，商谈推进一些跨界管理不难。除 2017 年 12 月三省四县共同发表《开化宣言》，通过司法护航钱江源国家公园生态保护外，还在协议基础上与江西、安徽的 7 个村、休宁县岭南自然保护区建立考核机制，列出许多负面清单，采取百分制，定下每村每年 8 万元的激励基金，村里做得好，钱就百分百给村里，哪里做不好，就扣分。

"不涉及任何主权、产权问题，事情就简单得多。"汪长林说，将来还要在林地和农田的地役权改革上动脑筋，在不涉主权的前提下，参照地方的管理要求，禁止使用化肥，纳入补偿和公园绿色品牌建设体系等。

树顶上的研究员

地球上有三种地方，生物物种丰富，却因难以抵达而鲜为人知，一是深海，一是沉积物如河底泥，一是林冠。在古田山片区，尚未迈山门，抬头便可见一架巨大塔吊凌架于林冠之上，它是在建树屋？当然不是，这是科学家 2018 年 5 月在钱江源国家公园放的"大招"，专门研究林冠生态。它由独立高度 60 米和半径 60 米的塔吊系统组成，吊臂可以 360 度旋转，覆盖 1.13 公顷的森林面积，在塔吊周边，建有一个东西长 140 米、南北长 160 米的永久样地，每棵胸径在 1 厘米以上的树都事先刷上红漆，定好坐标，便于观察、研究森林冠层生物多样性。

"比如树顶的附生植物，大树上光合速率的日变化，生活在上面的昆虫，以前都很难研究。"米湘成说，很多昆虫学家想了很多办法，有的向林冠喷雾，昆虫死了掉下来，才能采集到样本，还有的是用高枝剪剪下枝叶。有了塔吊之后，就可直接把工作人员吊到树冠上面采样。现在世界上有 20 个这种塔吊研究森林，中国有 8 个。

科研是钱江源国家公园的重点，罕见的低海拔原始亚热带常绿阔叶林受到国内外研究者的青睐，自升级为国家级自然保护区后，全国多个科研院所和高校师生纷至沓来，中科院、清华大学、北京大学、浙江大学、华东师范大学……耶鲁大学等欧美国家的学者也慕名前来考察、设立项目。至今，钱江源国家公园内的科研项目研究成果发表的论文达 400 多篇，其中，230 篇发表于国际期刊，这些期刊包括最有名的科学杂志如《Science》。各种科研项目培养了 90 多名博士和硕士研究生。

2005 年，中国科学院植物研究所古田山生物多样性科学定位研究站设立，在钱江源国家公园古田山片区建成 5 公顷动态监测样地，开始了在钱江源国家公园对常绿阔叶林的长期定位研究。后又建成我国亚热带地区第一块 24 公顷常绿阔叶林动态监测样地，成为中国森林生物多样性监测网络。2009 年，成立古田山森林生物多样性与气候变化研究站。

米湘成介绍，大样地的目标是监测天然林的变化，以及生物多样性的维持机制。"即使是拥有很多大树的老龄林，也是在全球环境变化下不断变化，它是一个个体在不断交替更新的群体。我们就要监测它的变化。"米湘成说，大样地是一个森林恢复对照的标杆，森林到底要恢复到什么样的程度可以用大样地作为参照。

"我们通过红外相机，发现白颈长尾雉的种群数量在持续增加，但黑麂的数量却有波动甚至下降，这就促使我们寻找原因，设法保护。并不是把一个保护区围起来，所有生物就得到了保护。"米湘成说。

科学地恢复生态，让国家公园擦亮了眼睛，安上了翅膀。国家公园中间连接区的长虹片区和何田片区，有大面积的次生林和人工林，如二十世纪六七十年代种植的杉木林，以前每年还有采伐计划，而人工林到了一定时间就会退化。根据中科院的研究，老龄林比年轻的即刚砍伐过的次生林生物量要多 12.5 倍。如何修复连接地带的山林？米湘成说："次生林保持恢复，让它慢慢演替，人工林间伐即隔几棵砍掉一棵，就像给森林开'天窗'一样，让一些天然林的种子能够掉落到地上，萌发出来，慢慢恢复成天然林。"米湘成说，中科院和浙江大学目前已在钱江源国家公园进一步开展实验，探讨如何把这些人工林转化为天然林。

夏季已然离去，森林即将脱下浓绿的外衣，换上美轮美奂的彩装，落叶树种枫香的叶子开始变黄，有一些则开始变红，不久之后，森林将变成一幅巨大的彩画。与森林为伴的陈声文不禁憧憬，百年之后，这里将是一片绿海。那时，他们这些森林工匠已实现了人与自然的和谐共处，接下来就让大自然这个最伟大的工匠，去雕琢地球这个人类与其他生物共同的家园。

（2020.09.24）

人民论坛

钱江源国家公园体制试点的创新与实践

陶建群　杨武　王克

【调研背景】建立国家公园体制是党的十八届三中全会提出的重点改革任务，要求到 2020 年，国家公园体制试点建设基本完成，整合设立一批国家公园，基本建立分级统一的管理体制，初步形成国家公园总体布局。为深入贯彻习近平总书记系列重要讲话精神，加快推进生态文明建设和生态文明体制改革，构建统一规范高效的中国特色国家公园体制，践行"绿水青山就是金山银山"理念，人民日报社人民论坛杂志社组织中央党校（国家行政学院）、北京大学、北京师范大学等单位的知名专家，对浙江省开化县钱江源国家公园体制试点进行深入调研，总结其创新经验，以飨读者。

　　钱江源国家公园，由古田山国家级自然保护区、钱江源国家森林公园、钱江源省级风景名胜区以及连接自然保护地之间的生态区域整合而成，地处浙江母亲河钱塘江源头，保存着大面积、低海拔的中亚热带典型的原生常绿阔叶林地带性植被。其大面积生态系统的原真性、完整性、稀缺性具有自然资源保护、科学研究、生态服务、示范推广等多方面价值。

　　钱江源国家公园是 2015 年由国家发改委等 13 个部委联合发文明确开展国家公园体制试点的首批体制改革试点之一，为长三角洲唯一的国家公园体制试点区。自从开展国家公园体制试点以来，钱江源国家公园通过创新性改革、精细化管理、高标准建设，在管理体制建设、地役权改革、科研交流合作、生态资源管护等方面做出一系列创新性探索，初步形成了一套自然生态系统保护的新体制模式。在保护钱江源国家公园的生态安全、促进辖区内人与自然和谐共生以及为全国国家公园体制建设的探索与实践方面提供了可借鉴的经验。

探索四大举措 体现体制试点创新实践

国家公园体制试点属于新事物、新任务、新挑战。钱江源国家公园试点因地制宜，通过自我创新与实践，探索出四大亮点举措，成效显著，试点任务完成情况在国内走在了前列。

第一，理顺管理体制，探索"垂直管理、政区协同"的"钱江源模式"。在管理体制方面，2017 年 3 月，浙江省编办批复设立钱江源国家公园党工委、管理委员会，与开化县委县政府实行"两块牌子、一套班子"的"政区合一"管理方式。2019 年 7 月，通过整合钱江源国家公园党工委、管理委员会，新设立钱江源国家公园管理局，实行省政府垂直管理，纳入省一级财政预算单位，委托省林业局代管，下设综合行政执法队和基层执法所，明确了钱江源国家公园管理局和地方政府的相关职责。钱江源国家公园管理局两名副局长兼任县政府党组成员，开化县政府和钱江源国家公园管理局建立每两月一次的例会制度。

通过这种管理体制和运营机制的运行，资源管理更统一、职责边界更清晰、区政融合更紧密。例如，为解决试点内多头化碎片化管理以及增强资源管护力度等问题，钱江源国家公园管理局与开化县政府联合开展"清源"系列行动，推进水电站、取水口等项目退出，联合下文实施《钱江源国家公园管理办法（试行）》《钱江源国家公园特许经营管理办法（试行）》，联合推进乡村整治风貌提升项目等多项工作。调研组成员、北京师范大学国家公园研究院副院长、研究员张希武认为，"钱江源模式"管理体制明确了钱江源国家公园管理局作为省政府所属独立事权属性和主导性职责，又最大限度发挥了管理机制优势，钱江源国家公园管理局和县政府制度化建设解决了体制试点建设中遇到的难题。

第二，探索地役权改革制度，在不改变土地权属的基础上，梳理双方权利义务清单，实现集体林地的统一管理。钱江源国家公园针对集体林占比较高的实际，聚焦农村承包土地地役权改革试点，探索开展地役权改革。目前，钱江源国家公园集体林地地役权改革基本完成，国家公园范围内 27.5 万亩林地全部实行 48.2 元 / 亩的地役权生态补偿标准，2018 年，实现了占比 80.7% 的集体林地的统一管理。2019 年，在集体林地役权改革的基础上，又制定了钱江源国家公园承包地地役权改革试点方案，进一步推动原住居民改变生产生活方式，促进了居民增收，建立了国家公园品牌增值体系，助推国家公园生态产品价值的实现。

在钱江源国家公园承包土地地役权试点建设中，已有苏庄镇毛坦村、长虹乡桃源村、何田乡田畈村、齐溪镇上村共289亩农田参与成为第一批生产主体。首先与钱江源国家公园管理局签订协议，承包土地地役权按200元／亩·年标准补偿，然后生产农作物按照保底价格收购，再则推行产品销售补贴和品牌特许，统一使用钱江源国家公园相关商标或标识对外销售。目前，这种模式正在国家公园范围内推广，并在条件成熟时向国家公园周边村镇辐射。张希武认为，地役权改革的深入推进有效破解了南方地区集体林占比较高的共性问题，为我国南方集体林等重要自然资源实现统一管理提供了可复制、可推广的"钱江源经验"。

第三，坚决有力保护自然资源与生态环境，有效保护了自然生态系统和重要自然生态体系原真性、完整性。在生态环境保护方面，钱江源国家公园加快建设一批重点项目工程，重点建设了科普馆、钱江源国家公园生态保护与监测工程、亚热带森林生物多样性与气候变化研究站、保护站、通讯基站、栖息地修复项目、国家公园南出口通道提升、600处野外动物监测点建设及红外相机等配件设施设备配置、104处远程森林防火视频监控体系建设和30处巡护步道项目施工等工程。在自然资源保护方面，通过开展"清源"系列专项行动，大量发放宣传资料，严厉处置野生动物行政案件。出台《野生动物救助举报奖励办法》，建设项目实行前置审批制度，在国家公园范围内已关停和整改9家小水电站，已投资近2亿元的水湖枫楼招商引资项目也被紧急叫停。在深化改革管控方面，创新编制了全国首部由省政府批复的《开化县空间规划》，衔接融合国家公园总规的多项核心内容；将试点区全部纳入管控范围，按照差异化管控原则和产业准入要求，指导试点区空间管控，落实生态保护与红线管理，分区管控全覆盖；建设"多规合一"管理信息平台，实现项目审批全管控。

调研组成员、中共中央党校（国家行政学院）社会和生态文明教研部教授李宏伟认为，钱江源国家公园试点充分运用"多规合一"改革成果，严格实施源头管控，对252平方千米的钱江源国家公园体制试点区实行精细精准管控，进一步强化了对江河源头地区的生态保护，可实现对自然资源与生态环境的长效管控。

第四，开展高水平高标准科学研究工作，成果颇丰。钱江源国家公园依托中科院植物所、动物所，浙江大学等科研力量，并与专业领域院士开展合作，深入推进生物多样性监测与研究，在公园内已经建设成为世界一流的森林生物多样性与气候变化响应学科前沿研究平台；建设有森林生物多样性监测及监测规范制定与示范的平台、生物多样性保育政策咨询平台、公民生态文明教育和实践平台；还建设有 2 所国际化的研究站，即中科院植物研究所钱江源森林生物多样性与气候变化研究站和中国区域性气候研究中心。目前，研究成果显著，已在世界生态学顶级期刊发表论文 293 篇，其中，221 篇被 SCI 收录。其中，我国政府通过外交部向联合国环境研究发展峰会递交的《地球大数据支撑可持续发展目标报告》中陆地生物就以钱江源国家公园为例。

调研组成员、北京大学中国城市治理研究院副院长、研究员包雅钧认为，钱江源国家公园开展高水平高质量科研工作，既是满足国家公园体制建设中定位功能需要，也是实现对公园最严格保护的需要。国家公园要兼具科研以及教育等综合功能，对纳入公园红线区域实行最严格管控并构建、优化、完善自然保护地体系。

坚持三个统一 扎实稳步开展试点工作

钱江源国家公园体制试点思路清晰、作风扎实、管理精细化，坚持"创新与发展、开发与保护、理论与实践"相统一理念，有效推进试点工作稳步开展。

创新与发展相统一，面对新事物，打开新思路，探索创新举措，加快发展。建设国家公园体制的主要目标是实现在体制机制、自然资源与生态保护、人与自然和谐共生方面的创新与发展。首先，"垂直管理、政区协同"的"钱江源模式"，从体制机制管理创新方面，理顺国家与地方的主导管理，有效解决了在管理上交叉重叠多头管理的碎片化问题。其次，开展多方创新性举措，在自然资源与生态环境保护上，与高校和院士合作，开展重大自然资源科研课题，开展实验室、观测点和保护站等重大重点项目建设；加强司法参与，出台损坏审查制度，设立环资巡回法庭，推广巡回审判模式，创新保护自然资源和生态环境。最后，结合创新性推动地役权改革，突出发展优势产业，加大"钱江源"品牌建设，多元化拓展生态旅游、生态农业市场，通过统一管理，共建共享，共同推动钱江源国家公园试点建设发展，共享创新发展带来的成果。试点成效显著，生态保护恢复改善巨大；经济发展促使建档立卡贫困人口减少，顺利完成脱贫任务；社会发展提升当地居民生活质量，环境、卫生和教育保障水平大幅提高。

开发与保护相统一，科学处理资源开发与环境保护的关系。钱江源国家公园在试点改革任务完成过程中，因地制宜，发展特色产业，强化绿色发展意识，调整产业结构，保护了公园的整个生态环境。同时，加大生态环境保护力度，对于影响整体自然资源保护、破坏整体生态环境的产业，直接关停整顿，为优质优势产业腾出发展空间，促进经济效益提升。为做好统一产业开发，结合基础优势和地役权改革，集中开发出一批具有代表性的示范产业，特别是围绕全域景区化的旅游发展理念，围绕开化县旅游产业发展推进建设 30 个 3A 级景区村和 4 个风情小镇，将村庄串点成线、绕线成面，一条条旅游"珍珠链"串起了乡村风情。例如，建设高田坑典范村，通过投入基础设施建设、房屋改造装修、打造民宿集群，提升旅游发展业知名度；打造桃源村台回山的油菜花景观、生态绿色水稻、美在梯田概念产业等。为了整体生态资源保护、集中发展优势产业，对于国家公园范围内其他建设项目，不符合整体规划优先生态发展的该关闭就关闭，该叫停就叫停。

理论与实践相统一，践行"绿水青山就是金山银山"理念。国家公园体制建设是深入贯彻习近平总书记系列重要讲话精神和治国理政新思想新战略，践行"绿水青山就是金山银山"理念的重要内容。钱江源国家公园试点工作围绕探索体制机制创新管理、加强自然资源与生态环境保护、发展优势产业、开展多方合作，实现共同参与、共同开发、共享发展的"绿水青山就是金山银山"这一重大科学论断的转化与实践。

结合三块工作 实现多方和谐共享发展目标

秉持"保护优先、兼顾发展""多方合作、制度保障""共建共享、民生为本"原则，与科研工作、社区共建、跨区合作相结合，实现多方和谐共享发展目标。

试点与科研工作相结合。对如何科学界定国家公园的内涵，建设国家公园体制总体方案要求，要明确国家公园的定位，要求实行最严格的保护，首要功能是重要自然生态系统的原真性和完整性保护，同时要求兼具科研以及教育等综合功能。在公园开展科研工作不仅是对自然资源和环境监测与研究的需要，更是为了更严格、高水平地保护生态系统，为行业发展及国际社会提供数据参与合作的需要。钱江源国家公园结合试点与科研工作，与国内外权威科研机构和行业领域院士合作，开展生物多样性研究、生态价值评估、自然教育和生态修复等工作，建设了多个学科前沿研究平台并获得丰厚科研成果，这些都与钱江源国家公园在生态保护方面获取的成效密不可分。

试点与社区共建相结合。《建立国家公园体制总体方案》在总体要求的基本原则中提到，要探索社会力量参与自然资源和生态保护的新模式，建立健全政府、社会和公众共同参与国家公园保护管理的长效机制。在钱江源国家公园试点工作中，社区治理与建设开发一盘棋，实现社区共建共享利益。先后安排专项资金用于国家公园范围内的村庄环境综合整治和风貌提升，加快村庄环境整治项目落地实施；从原住民中招聘了 95 名专兼职巡护员；推动"钱江源国家公园"集体商标注册工作；积极开展国家公园生态产品价值实现机制试点，制定《钱江源国家公园特许经营管理办法》，明确特许经营的范围、数量、质量要求和操作规范，等等。这些措施的落地实施促进了当地居民和社会的参与度，既促进公众参与国家公园保护管理长效机制的健全，又解决了当地居民就业问题，提升了当地居民的收入和生活水平。

试点与跨区域合作相结合。按照建设国家公园体制总体规划基本原则"科学定位、整体保护"的要求，坚持将山水林田湖草作为一个生命共同体，统筹考虑保护与利用，钱江源国家公园管理局对相关自然保护地进行功能重组，按照自然生态系统整体性和系统性原则进行整体保护和综合治理。自试点建立以来，为了实现整体保护，钱江源国家公园已与毗邻的江西、安徽所辖三镇七村，以及安徽休宁岭南省级自然保护区签订合作保护协议，实现省际毗邻镇村合作保护模式全覆盖。同时，江西德兴、婺源，安徽休宁和浙江开化四地政法系统共同签署了《开化宣言》，建立了护航国家公园生态安全五大机制，还建立了开化县长虹乡霞川村与江西省婺源县东头村跨省联合保护站，以权属不变、属地管理为前提，配备巡护设备，共建巡护队伍，实现公园的整体保护。

钱江源国家公园通过完成试点工作任务，创新性探索了突破体制改革中出现的共性难点问题。为促进国家公园体制建设，调研组结合调研情况，提出两点建议。一是加大中央层面对明确国家公园体制机构级别、人员编制以及试点建设专项资金等方面工作的支持。二是科学界定国家公园的相关规定和要求，设置国家公园在面积方面的硬性标准；落实国家公园基础设施建设中涉及的建设用地指标，建议用地指标不占用地方指标，以有效促进地方政府的国家公园建设积极性。

总体而言，钱江源国家公园试点工作开展了大量创新性探索与实践，形成了一些突出亮点，为国家公园体制建设提供了可借鉴的经验，这些探索与实践，体现出钱江源国家公园管理局团队在面对新事物新任务时勇于创新与突破的工作作风。调研组希望，钱江源国家公园管理局能够继续发扬改革创新、精细管理、高标准建设的精神，不断优化机制、完善细节，为促进国家公园体制建设作出更大贡献。

（2020.9.27）

浙江日报

潮起钱江源
——钱江源国家公园探索体制试点创新

钱关键　汪宇露

山水灵秀境，诗画钱江源。

从长江三角洲人口稠密的都市群出发，驱车几小时就能到达一片世外桃源般的原始森林。这里峰峦叠嶂、林木葱茏、人迹罕至，拥有全球稀有、保存完好的中亚热带低海拔原生常绿阔叶林，它也是白颈长尾雉、黑麂等中国特有珍稀濒危物种最后的"基因保护地"——钱江源国家公园。

国家公园体制改革是我国生态文明制度建设的重要内容，对于推进自然资源科学保护和合理利用，促进人与自然和谐共生，积极践行"绿水青山就是金山银山"发展理念具有重要意义。

钱江源国家公园体制试点区是我国 10 个国家公园体制试点地区之一，也是长江三角洲经济发达地区唯一一个。如何在人口密集、集体林占比高的地区，设立并建设国家公园，是钱江源国家公园体制试点面临的重大课题，也是钱江源国家公园体制试点的核心价值所在。

近年来，在浙江省委、省政府的高度重视下，在国家林业和草原局（国家公园管理局）的精心指导下，钱江源国家公园管理局充分发挥浙江省体制机制创新优势，紧紧围绕体制攻坚、生态创优、科研争先、社区共建、环境教育五大行动，制定落实《钱江源国家公园体制试点三年行动计划（2018—2020 年）》，在管理体制深化、资源统管创新、社会协同保护、共建共享传承等方面作出大量创新性工作，探索出了一些可复制、可借鉴的宝贵经验。

体制机制创新"破题而立"

要建好国家公园，体制机制是关键。

钱江源国家公园总面积 252 平方千米，由原古田山国家级自然保护区、钱江源国家森林公园、钱江源省级风景名胜区等单位组成，涉及开化县苏庄、长虹、齐溪、何田等 4 个乡镇的 19 个行政村 72 个自然村。

多头体制、管理分割、协调无力、合作低效曾是管理的一大难题。钱江源国家公园管理局相关负责人介绍，钱江源国家公园管理局自 2019 年 7 月 2 日挂牌以来，实行省政府垂直管理，纳入省一级财政预算单位，下设综合行政执法队和基层执法所。

与此同时，开化县政府和钱江源国家公园管理局建立了每两月一次的例会制度，钱江源国家公园管理局两位副局长兼任县政府党组成员，形成了"垂直管理、政区协同"的管理体制，双方透过制度化协商方式破解体制困局，以此调动各方参与的积极性，为我国推进以国家公园为主体的自然保护地体系建设提供了不少"钱江源"经验。

我国南方山林性质复杂，钱江源国家公园的 35 万亩山林中，80% 以上是集体林，涉及 2.6 万余名村民的利益。早在 2018 年，钱江源国家公园就创新性推出林地保护地役权改革，在不改变土地权属的基础上，通过建立合理的生态补偿和社区共管机制，将重要自然资源纳入统一管理，并将其延伸到农田生态保护等方面，实现了对全民所有自然资源在实际控制意义上的主体地位，解决了农业生产过程中滥施农药化肥问题。树立"山水林田湖草生态共同体"的理念，从制度上解决了群众利益和生态保护之间的矛盾。

"我们村有 8000 多亩集体林地在国家公园范围内，今年获得了 30 多万元补偿。"开化县长虹乡桃源村党支部书记范家兴说。

聚力改革攻坚，在体制机制创新方面，钱江源勇于"担当示范"，创造了多个第一。它与江西、安徽三县七村成立跨省联合保护站，创新设立考核激励机制，大力开展跨行政区域合作保护；与开化县"生态立县"战略无缝对接，利用"多规合一"试点改革成果，将《钱江源国家公园总体规划》融入《开化县空间规划》中，实现了一张蓝图绘到底，为统一自然资源资产和空间用途管控、严格保护生态系统提供了新方法论。

生态保护第一"经验频出"

层林尽染，千峰堆绣绘美景。维护好生态是钱江源国家公园的生命线。

这几年，钱江源国家公园依托中科院植物所、动物所，浙江大学等科研力量，深入推进生物多样性监测与研究。2018 年以来，钱江源国家公园全域设立功能区各类界碑、界桩 619 处，新建和改造保护管理站 5 个，新建和改造远程防火视频监控点 108 个，新建高空预警监控云台 11 个，完成钱江源国家公园综合信息管护平台开发，基本实现"天空地一体化"监测全覆盖和生态保护的"全链管理"。

为把"生态保护第一"的理念落到实处，钱江源国家公园管理局连续 3 年开展"清源"专项行动，配合相关部门处理违法盗猎、破坏生态案件 30 余起，有效打击各类破坏自然资源的行为，还自然以本来面目。"2019 年，我们就发动了 5000 多名村民、志愿者参与'清源'行动，打了一场'群众战争'，收效良好。"钱江源国家公园相关负责人说。

在生态保护创新上，钱江源国家公园的具体措施还有不少，如设立"救助举报奖励"，对救助、伤害野生动物行为实施奖惩，为野生动物撑起保护伞；在开化县"全域禁猎"基础上，实施"野生动物肇事保险"制度，为群众安全系上安全带，免除了农民耕作的后顾之忧；公园范围内小水电分类处置，利用生态长效保护和项目退出机制，快速关停 4 家、整改 5 家，以恢复生态系统原真性；充分发挥环资巡回法庭和司法救助生态的作用，开化县人民法院将"环境资源与旅游巡回法庭"宣判车开进国家公园及周边各乡镇，巡回审判 30 多次，有力震慑了不法行为；打破行政区划的界限和壁垒，探索建立钱塘江流域司法联动机制，共同保护钱江源生态，并与金华、杭州、嘉兴等六地中级人民法院签订流域环境资源司法协作宣言。

"去年，国务院向联合国可持续发展峰会递交的《地球大数据支撑可持续发展目标报告》中，生物多样性保护就用了钱江源国家公园的例子。"汪长林说，经过这几年持续保护保育，钱江源地区生态环境有了明显改善。钱江源国家公园还主动叫停实际投资近 2 亿元的水湖枫楼招商引资项目，政府回购工作全面启动，决心和力度不可谓不大。

绿色发展共建"多姿多彩"

近年来，开化县上下一心、凝心聚力，深入践行新时代生态文明思想，坚持绿色发展不动摇，争做全省乃至全国生态文明建设的示范窗口，努力保护钱江源头生态。

在开化，自古就有"杀猪禁渔""封山育林"等传统，以保护动物免遭屠戮，维持生态平衡。钱江源国家公园成立后，不断树立"原住居民为本"理念，探索"绿水青山就是金山银山"的转化之道，联合 35 家单位成立钱江源国家公园绿色发展协会，打造"生态维护共同体"，绿色发展、社区共建共享共治工作，开展得有声有色。

具体来说，包括成立全国首家县级生态产品价值实现机制研究中心，探索生态产品价值实现路径，有序推动绿色产业富民；开展"柴改气"试点，首批给何田乡龙坑村的 358 户承诺不烧"柴火灶"的农民，发放了 2108 瓶煤气，引导农民转变传统生活生产方式，实现人与自然和谐共生；"钱江源"区域公用品牌声名鹊起，成为推动开化高质量绿色发展的重要载体之一；帮助开化"清水鱼"发源地何田乡打造中国清水鱼博物馆、"国家公园品牌鱼"品牌，让清水鱼"游"到更远的地方；针对基层科研人员少的实际情况，钱江源国家公园管理局联合科研单位，面向社区居民、农民大力开展各类科研培训，成功组建了一支专业化的"农民科学家"队伍，在林区设立"生态护林员"岗位，保护环境和带动群众增收一举两得；钱江源国家公园管理局还连续 3 年共安排 6000 万元专项资金，持续推进公园范围的"未来乡村"建设，按照环境生态化、生态产业化、产业绿色化、绿色人文化思路，着力打造环境教育、有机食品、森林康养、生物基因等九大绿色产业。

与此同时，环境教育工作也有序推进。近日，钱江源国家公园专属植物识别APP 正式上线，可以识别国家公园范围内发现的 1000 多种新记录物种，开启了公众科学植物调查观测新模式；新成立的数字标本馆，让国家公园 252 平方千米的山川河流成了"活的博物馆"；首创国家公园专业电视频道——钱江源国家公园频道，让生态文明走进千家万户……

青山叠翠，绿水潺潺，醉美不过钱江源。钱塘江源头的这抹绿，铺展了一幅人与自然和谐共生的美丽画卷。

（2020. 10. 14）